高职高专"十二五"规划教材

焊工技能

HANGONG JINENG

韩天判 主 编

U0324131

化学工业出版社

·北京·

本教材内容共分为四篇十四章，第一篇焊接基础知识介绍了焊接概述、电弧、焊接识图、焊接应力与焊接变形、焊接缺陷和焊接检验。第二篇详细介绍了手工电弧焊设备、焊条及焊接工艺。第三篇介绍了气体保护焊基础知识、二氧化碳气体保护焊和钨极氩弧焊焊接设备及焊接工艺。第四篇介绍了埋弧焊基础知识和埋弧焊设备及焊接工艺。

本书可作为大中专院校、高职学院或社会培训焊工的理想教材。

图书在版编目（CIP）数据

焊工技能/韩天判主编. —北京：化学工业出版社，2012.5（2016.11 重印）
高职高专"十二五"规划教材
ISBN 978-7-122-13839-2

Ⅰ. 焊…　Ⅱ. 韩…　Ⅲ. 焊接-高等职业教育-教材　Ⅳ. TG4

中国版本图书馆 CIP 数据核字（2012）第 048050 号

责任编辑：李　娜　　　　　　　　文字编辑：陈　喆
责任校对：徐贞珍　　　　　　　　装帧设计：史利平

出版发行：化学工业出版社（北京市东城区青年湖南街 13 号　邮政编码 100011）
印　　装：三河市延风印装有限公司
787mm×1092mm　1/16　印张 11　字数 264 千字
2016 年 11 月北京第 1 版第 2 次印刷

购书咨询：010-64518888（传真：010-64519686）　售后服务：010-64518899
网　　址：http：//www.cip.com.cn
凡购买本书，如有缺损质量问题，本社销售中心负责调换。

定　　价：22.00 元

前　言

　　焊接作为一门特殊的机械加工方法，广泛应用于国防、机械、造船、石油化工、建筑等各个行业。本教材针对常用焊接方法的特点精心编写，从应用最多的机械领域入手，从实用的角度介绍了常用焊接方法的操作技能。

　　本教材主要特点：

　　1. 技能训练融入每个知识点中，为学生专门提供了具有针对性的实例训练，以指导学生焊接操作。

　　2. 采用"基础知识＋实践技能训练"教学模式，以通俗易懂的语言、精挑细选的实用技巧、翔实生动的图形说明，全面介绍了常用焊接方法操作技能，结束了学生纸上谈兵的历史。

　　3. 本书以职业为导向，以设计为目标，内容选择突出行业和职业特点。根据专业教学指导方案，依据职业岗位资格标准，参照企业生产实际岗位要求，编写相关内容。

　　本书由甘肃畜牧工程职业技术学院机械工程系韩天判任主编，参加编写工作的还有甘肃畜牧工程职业技术学院王祎才、甘肃省理工中等专业学校魏振旭。本书在编写过程中，参考了全国高校焊接专业的有关教材及其他文献，核工业 212 同心起重公司的张书江高级工程师认真审阅了原稿，对本书提出了许多宝贵意见，张承国、张毅等同志对本书的编写给予了很多关心和帮助，在此一并表示衷心的感谢。

　　由于编者水平有限，本书难免有不足之处，敬请读者批评指正。

编　　者

2012 年 3 月

目　录

第二篇 手工电弧焊

第三篇　气体保护焊

第四篇　埋弧焊

第一篇　焊接基础知识

第一章　焊接概述

第一节　概　　述

一、焊接技术发展概况

在金属结构和机械制造生产中，总是需要将两个或两个以上的零件按一定的相互位置关系连接起来，并保证有足够的连接强度和刚度。连接的方法主要有两大类：一类是可以拆卸的连接，如销钉、螺栓、键连接等；另一类是永久性的不可拆卸的连接，如焊接、铆接。零件的连接方式如图 1-1 所示。

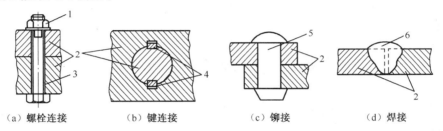

（a）螺栓连接　　　　（b）键连接　　　　（c）铆接　　　　（d）焊接

图 1-1　零件的连接方式

1—螺母；2—零件；3—螺栓；4—键；5—铆钉；6—焊缝

我国是世界上最早应用焊接技术的国家之一。远在战国时期，铜器的主体、耳、足就是利用钎焊来连接的。在明代《天工开物》一书中记载有"凡铁性逐节黏合，涂黄泥于接口之上，入火挥槌，泥渣成枵而去，取其神气为谋合，胶结之后，非灼红斧斩，永不可断"。这说明当时人们已经懂得使用焊剂，来获得质量较高的焊接接头。我们的祖先为古老的焊接技术发展史留下了光辉的一页，显示出我国是一个具有悠久焊接历史的国家。

从 1882 年发明电弧焊到现在已有一百余年的历史。在电弧焊的初期，不成熟的焊接工艺使焊接在生产中的应用受到限制，直到 20 世纪 40 年代才形成较为完整的焊接工艺体系，埋弧焊和电阻焊得到成功的应用。

20 世纪 50 年代的电渣焊、各种气体保护焊、超声波焊，20 世纪 60 年代的等离子弧焊、电子束焊、激光焊等先进焊接方法的不断涌现，使焊接技术达到一个新的水平。

近年来，对能量束焊接、太阳能焊接、冷压焊等新的焊接方法也开始研究，尤其是在焊接工艺自动控制方面有了很大的发展，采用电子计算机控制和工业电视监视焊接过程，使焊接过程便于遥控，有助于实现焊接自动化。

工业机器人的问世，使焊接工艺自动化达到一个崭新的阶段。

随着近代科学技术的发展，焊接作为一种生产不可拆卸结构的工艺方法，已经成为一门独立的学科，广泛应用于石油化工、电力、航空航天、海洋工程、桥梁、船舶和核动力工程等工业部门和国民经济的各个领域，并渗透到家庭生活日用品中。可见焊接技术应用的前景是非常广阔的。

二、焊接的特点

焊接是将两个（或两个以上）的工件，按一定的相互位置通过加热或加压（或两者并用），用（或不用）填充材料，使工件间达到原子结合的一种连接工艺方法。这种工艺方法和其他螺钉连接、铆接、铸件及锻件相比，具有很大的优点。

① 节省材料，减轻结构重量，经济效益好。

② 简化加工与装配工序，生产周期短，生产效率高。

③ 结构强度高，接头密封性好。

④ 为结构设计提供较大的灵活性。

但焊接方法也有一些缺点，主要体现在以下几方面。

① 焊接结构容易引起较大的残余应力和残余变形。

② 焊接接头中存在着一定数量的缺陷，如裂纹、气孔、夹渣、未焊透等，缺陷的存在会降低接头强度、引起应力集中，损坏焊缝，造成焊接结构破坏。

③ 焊接劳动条件差。焊接时，高温、强光和有毒气体，对人体有一定的损害。故需加强劳动保护。

第二节 焊接方法分类

按焊接时的工艺特点和母材金属所处的状态，可以把焊接方法分成熔化焊、压焊和钎焊三类。

1. 熔化焊

熔化焊是在焊接过程中，将待焊处的母材加热至熔化状态形成液态熔池，原子之间可以充分扩散和紧密接触，冷却凝固后形成原子间结合的一种焊接方法。常见的焊条电弧焊、埋弧焊、气体保护电弧焊等都属于熔焊。熔化焊是目前应用最广的焊接方法。

2. 压焊

在焊接过程中，必须对焊件施加压力（加热或不加热），以完成焊接的方法叫压焊。这类焊接方法有两种形式：一是将被焊金属接触部分加热至塑性状态或局部熔化状态，然后施加一定的压力，以使工件表面金属原子间相互结合形成牢固的焊接接头，如锻焊、接触焊、摩擦焊等就是这种类型的压焊方法；二是不进行加热，仅在被焊金属的接触面上施加足够大的压力，借助于压力所引起的塑性变形，使原子间相互接近而获得牢固的挤压接头，这种压焊的方法有冷压焊、爆炸焊等。

3. 钎焊

采用熔点比母材低的金属材料作钎料，将焊件和钎料加热到高于钎料熔点，但低于母材熔点的温度，利用毛细作用使液态钎料润湿母材，填充接头间隙并与母材相互扩散，连接焊件的方法叫钎焊。常见的钎焊方法有烙铁钎焊、火焰钎焊等。

目前的焊接方法很多，常用的焊接方法分类如图1-2所示。

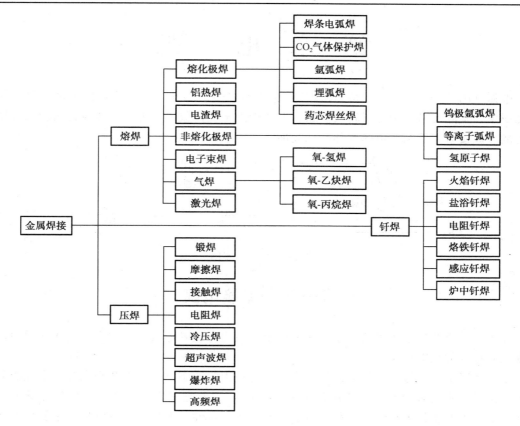

图 1-2　常见焊接方法分类

第二章　电　　弧

电弧（图2-1）是一种气体导电现象，会发出强烈的光和大量的热，但不是一般的物质燃烧现象，实际上是一种能量转换现象，电能借助于气体放电，把电能转换为热能、机械能和光能。焊接时主要利用电弧的热能和光能。

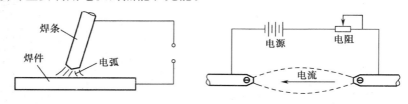

图2-1　电弧示意图

第一节　焊接电弧

焊接电弧是焊接电源供给一定电压的两个电极之间或者电极与焊件之间气体介质中，产生强烈而持久的放电现象。

通常情况下，气体是不导电的，呈中性。这是因为常态下的气体几乎完全由中性的分子和原子构成，不拥有带电粒子（或带电粒子极少），因此它是不导电的。若要气体导电，则必须先有一个产生带电粒子的过程，然后才能呈现导电性。电弧中的带电粒子主要是由气体介质中的中性粒子的电离以及从阴极发射电子这两个物理过程所产生，同时伴随着发生其他的一些物理变化，如电离、激发、扩散、复合、负离子化等。由此可见，气体电离和阴极电子发射是焊接电弧产生与维持需要具备的两个条件。

一、气体电离

在一定条件下，气体中性粒子从外界获得能量达到某一数值而使其外层轨道上的电子分离出去，即气体中性粒子（原子或分子）分离成正离子和电子的现象称为气体电离。电离所需要的最低外加能量称为电离能。不同的气体或元素，由于原子或分子构造不同，其电离能也不同，通常我们用电离电位（eV）来表示电离能的大小。常见元素的电离电位见表2-1。

表2-1　常见元素的电离电位   eV

元　　素	钾	钠	钡	钙	钛	锰	铁	氧	氮	氩	氟	氦
电离电位	4.33	5.11	5.19	6.10	6.80	7.40	7.83	13.6	14.5	15.7	16.9	24.5

注：在原子物理学中，常用电子伏特作为能量单位。1eV的能量就是一个电子在通过电势差等于1V的一段路程上所需要的或得到的能量。

在通常情况下，气体是呈中性的，根据焊接过程中气体电离获得能量的方式，焊接过程中的三种气体电离形式如下。

1. 热电离

气体粒子因受到热的作用而发生的电离叫热电离。这种电离实质上是一种碰撞电离，但其直接原因是气体粒子从外界获得了能量。气体粒子在常温下运动速度较慢，随着温度的升高，尤其焊接时，高温达几千摄氏度，布朗运动加剧，气体粒子运动的速度是常温时的几百倍，运动速度越大，粒子的动能 $F=1/2mv^2$ 是按速度的指数关系增加，更为显著，在相互碰撞的过程中，弧柱中的中性粒子被电离。在焊接电弧中，热电离是主要的电离方式。

2. 场致电离

当气体空间有电场作用时，则带电粒子除了作无规则的热运动外，还产生一个受电场影响的定向加速运动。正、负带电粒子定向运动的方向相反，它们因加速运动而将电场给予的电能转换为动能。当带电粒子的动能在电场的影响下增加到足够的数值时，则可能与中性粒子发生非弹性碰撞而使之电离，这种在电场作用下产生的电离称为场致电离。由于带电粒子是在充满气体粒子的空间运动，它将一边与气体粒子发生碰撞，一边沿电场方向运动，它总的运动趋势虽与电场方向一致，但每次碰撞后的运动方向却是变化的，而并不一定与电场方向一致。

在强电场作用下，电子受到强烈加速，与中性或激发态的粒子相撞而发生电离时，生成一个新的电子和正离子，然后这两个电子继续前进，分别与中性粒子相撞，又可以生成两个新电子和新离子，以此类推，使带电粒子迅速增多。这种在强电场作用下的电离具有连锁反应的性质，如图2-2所示。热电离也有类似的性质。但是带电粒子的增加是有一定限度的，这是因为在电弧产生过程中，既有带电粒子的产生，又有带电粒子的消失，后者是所谓的复合反应，即电子与正离子结合成为中性气体粒子。从宏观上看，对于稳定状态下的电弧，电离与复合是互相平衡的。因此，电场作用下的电离现象也主要是电子与中性粒子的非弹性碰撞引起的。

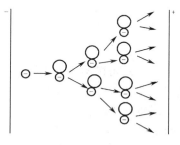

图 2-2　连锁反应电离示意图

3. 光电离

中性气体粒子吸收了光子的能量而发生的电离叫光电离。光子的波长决定着光子的能量，只有中性气体粒子吸收的光子波长小于某一临界值时，才能发生光电离，等于这一临界值的波长称为光电离临界波长。此时的光辐射频率称为临界频率。各种气体元素都有各自的光电离临界波长和临界频率。常见气体的光电离的临界波长见表2-2。

表 2-2　常见气体的光电离的临界波长　　　　　　　　　　　　　nm

气　体	钾	钠	铝	钙	镁	铁
临界波长	287.4	242.3	207.3	202.6	162.4	158.5
气　体	氧	氢	一氧化碳	氮	氩	氦
临界波长	91.5	91.5	87.6	85.2	78.7	50.4

注：$1nm=10^{-9}m$。

表2-2中所列常见气体原子光电离所需的临界波长是50.4～287.4nm，都在紫外线波长区间（6～400nm）内，这意味着可见光（400～700nm）几乎对所有气体都不能引起直接光电离。

电弧光是多色光，不但有可见光，还包含红外线和紫外线，其波长区间是 170~5000nm，如图 2-3 所示。电弧的光辐射仅能对电弧气氛中常含有的 K、Na、Ca、Al 等金属蒸气直接引起光电离，而对于表 2-2 中列出的其他气体则不能直接引起光电离，但这些气体如果处于激发状态，则有可能受光辐射作用而引起电离。实际上光电离是电弧中产生带电粒子的一个次要途径。

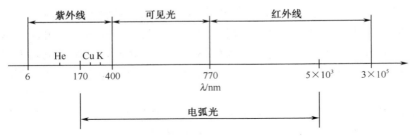

图 2-3　电弧光辐射的波长区间

二、阴极电子发射

在外界能量的作用下，阴极金属电极中的自由电子冲破电极表面的约束逸出到电弧空间的现象称为阴极电子发射。使一个电子逸出金属表面所需要的最小外加能量称为逸出功。不同金属材料的逸出功不相同，见表 2-3。

表 2-3　常见元素的电子逸出功　　　　　　　　　　　　　　　　　　　　eV

元素名称	电子逸出功	元素名称	电子逸出功
钾	2.26	锰	3.76
钠	2.33	铁	4.18
钙	2.90	碳	4.34
钛	3.92	镁	3.74
铝	4.25	钨	5.36

试验研究表明，金属的逸出功不但与材料种类有关，而且与金属表面状态有关。当金属表面存在氧化物或渗入某些微量元素（如 Cs、Th、Ca、Ce 等），则逸出功减小。另外，金属氧化物的逸出功也比纯金属的逸出功低。因此，在实际应用中，往往选取含有某种微量元素或金属氧化物的钨棒作为电极，这样可以提高钨极发射电子的能力，改善电弧性能。

在焊接过程中，根据外加能量和发射机制的不同，阴极电子发射可分为以下三种。

1. 热发射

金属表面受到热作用温度升高，使金属内部自由电子热运动速度增大而逸出金属表面的电子发射的现象，称为热发射。金属的熔点和沸点越高，则它的热发射电子能力越强，在其熔点和沸点时热发射电子流密度就越高。这种以高熔点的钨和碳作为阴极材料的电弧，称为热阴极型电弧，它的阴极区主要靠热发射来提供电子。当熔化极采用熔点和沸点都较低的金属材料（如铜、铁等），阴极的温度不可能加热到很高，不能依靠热发射来向阴极区提供足够的电子，而必须借助于其他方式来补充电子才能满足电弧的导电要求。这类电弧称为冷阴极型电弧。

2．场致发射

当阴极表面附近空间存在有较强的正电场时，金属内的自由电子会受到电场力（即静电力，也称库仑力）的作用，当此种力达到某一数值，便可使电子逸出电极表面，这种发射电子的现象称为场致发射，也称为电场发射。电场强度越强，则阴极的电子越容易逸出，而且发射的电子数量越多。

场致发射电子的密度不仅与电场强度有关，而且与电极温度及电极材料有关。对于冷阴极电弧（电极材料的熔点、沸点都较低），电极温度较低，热发射能力较弱，但这时阴极区的电场强度较强，可达 $10^5 \sim 10^7 \text{V/cm}$，因此场致发射向阴极区提供电子流的作用是重要的。

3．撞击发射

电弧中，高速运动的带电粒子（电子或正离子）从外部撞击电极表面，将能量传递给电极表层的自由电子而使其逸出的电子发射现象叫撞击发射。当阴极区存在强电场时，这种撞击发射可能成为重要的发射形式。

第二节　焊接电弧的构造

按照电弧长度方向上的电压分布情况，可以将电弧分为三个区域：阴极区、弧柱区和阳极区，如图 2-4 所示。

一、阴极区

阴极区是从阴极表面起靠近阴极的地方，阴极区极窄，在阴极表面堆有一批正离子，以形成一个电压降，称为阴极电压降 $U_阴$。在阴极表面上有一个明显光亮的斑点，称为"阴极斑点"，也是阴极区温度最高的部分，一般达 2130～3230℃，放出的热量占焊接总热量 36％左右。

为保证电弧稳定燃烧，阴极区的任务是向弧柱区提供电子流和接受弧柱区流过来的正离子，阴极温度的高低主要取决于阴极的电极材料，一般都低于材料的沸点。

二、阳极区

阳极区是从阳极表面起靠近阳极的地方，比阴极区宽些。由于阳极表面堆积有一批电子，所以形成一个电压降，称为阳极电压降 $U_阳$。在阳极表面上也有一个明显光亮的斑点，称为"阳极斑点"。

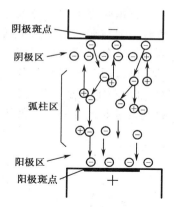

图 2-4　焊接电弧构造

阳极区的任务是接受弧柱区流过来的电子流和向弧柱区提供正离子流。一般情况下，由于阳极能量只用于阳极材料的熔化和蒸发，无发射电子的能量消耗，因此在阳极和阴极材料相同时，阳极区温度略高于阴极区，阳极区的温度一般达 2330～3980℃，放出的热量占焊接总热量的 43％左右。

三、弧柱区

电弧阴极区和阳极区之间的部分称为弧柱区。弧柱区起着电子流和正离子流的导电通路的作用，弧柱区的温度不受材料沸点限制，而取决于弧柱中气体介质和焊接电流，阴极区和阳极区都很窄，因此，弧柱的长度基本上等于电弧长度。弧柱中心的温度可达 5730～7730℃，放出的热量占焊接总热量 21％左右。

四、电弧电压

电弧电压就是阴极区、阳极区和弧柱区电压降之和。当弧长一定时，电弧电压的分布如图 2-5 所示。

电弧电压可用下式表示：

$$U_弧 = U_阴 + U_阳 + U_柱 = U_阴 + U_阳 + bl_弧$$

式中　$U_弧$——电弧电压，V；

$U_阴$——阴极电压降，V；

$U_阳$——阳极电压降，V；

$U_柱$——弧柱电压降，V；

b——单位长度的弧柱电压降，一般为 20~40V/cm；

$l_弧$——电弧长度，cm。

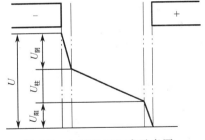

图 2-5　电弧电压组成示意图

第三节　焊接电弧的静特性

在电极材料、气体介质和弧长一定的情况下，电弧稳定燃烧时，焊接电流和电弧电压之间的关系称为电弧的静特性，即电弧伏安特性。表示它们关系的曲线叫做电弧的静特性曲线，如图 2-6 所示。

在由弧焊电源与焊接电弧组成的系统中，电弧是电源的负载。这种负载也是一种电阻性负载，但与普通的电阻负载不同，首先是电弧的电阻率不是常数，它与弧柱的温度及电弧电流有关；其次是弧柱属于柔性载流体，其几何形态和尺寸将随燃弧条件变化而变化，所以，尽管电弧属于电阻性负载，但其与电阻的负载特性曲线有很大区别：金属电阻的曲线是线性的，电压/电流是一条直线（符合欧姆定律），如图 2-7 所示，而焊接电弧的电流和电压之间的关系是非线性的，类似于"U"形，如图 2-6 所示。

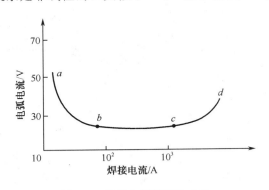

图 2-6　焊接电弧静特性曲线

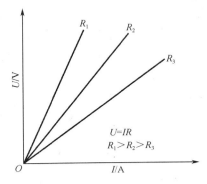

图 2-7　金属电阻的负载特性曲线

按照曲线各部分的变化趋势并对应于电流的大小，可将 U 形曲线分为三个不同的区域。

一、下降特性区

如图 2-6 中 a-b 段所示，随着焊接电流的增加，焊接电压逐渐下降，称为下降特性区。

二、平特性区

如图 2-6 中 b-c 段所示，随着焊接电流的增加，焊接电压基本不变，称为平特性区。

三、上升特性区

如图 2-6 中 c-d 段所示，随着焊接电流的增加，焊接电压逐渐升高，称为上升特性区。

采用不同的焊接方法时，应考虑与焊接电弧静特性曲线相匹配的电源。

手工电弧焊设备的额定电流不大于500A，所以其静特性曲线无上升特性区，如图2-8所示。埋弧自动焊在正常电流密度下焊接时，其静特性为平特性区，采用大电流焊接时，其静特性为上升特性区。钨极氩弧焊一般在小电流区间焊接时，其静特性为下降特性区，采用大电流焊接时，其静特性为平特性区。

在一般情况下，电弧电压总是和电弧长度成正比变化，当电弧长度增加时，电弧电压升高，其静特性曲线位置也随之升高。

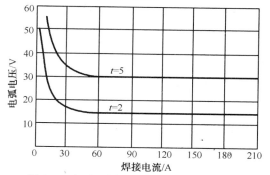

图 2-8　电弧不同弧长时的静特性曲线

第四节　熔滴过渡的作用力

焊丝或焊条的端部不断熔化形成液态金属，由于表面张力和其他力的作用，在一定时间内保持在焊丝上，当累积到一定大小时，在有关力的作用下便脱离焊丝端部，大多以滴状通过电弧空间落入熔池，这一过程称为熔滴过渡。在过渡过程中，其中有的作用力促使熔滴的形成和过渡，有的作用力却起阻碍作用，这些作用力共同作用决定了熔滴的大小和过渡状态。

一、熔滴过渡作用力

1. 重力

由地球吸引物体而产生的力称为重力。方向是垂直向下的，任何物体都会因自身的重力而下垂。重力对熔滴的作用取决于焊缝在空间的位置。平焊时，重力是促使熔滴和焊丝末端相脱离的力；仰焊时，重力则成为阻碍熔滴和焊丝末端相脱离的力。

熔化极气体保护焊时生成的熔滴尺寸很小，故熔滴的重力也很小。只有在熔滴尺寸相当大，才不可忽视重力对熔滴过渡的影响。

当焊丝直径较大而焊接电流较小时，在平焊位置，使熔滴脱离焊丝的力主要是重力（F_g），其大小为：

$$F_g = mg = \frac{4}{3}\pi r^3 \rho g$$

式中　r——熔滴半径；

　　　ρ——熔滴的密度；

　　　g——重力加速度。

如果熔滴的重力大于表面张力，熔滴就要脱离焊丝。

2. 表面张力

使液体表面收缩的力称为表面张力。如图2-9所示，表面张力是在焊丝端头上保持熔滴的主要作用力，若焊丝半径为R，这时焊丝和熔滴间的表面张力为：

$$F_\sigma = 2\pi R \sigma$$

式中　σ——表面张力系数，与材料成分、温度、气体介质因素有关，纯金属的表面张力系数见表2-4。

表 2-4　纯金属的表面张力系数

金　属	Mg	Zn	Al	Cu	Fe	Ti	Mo	W
$\sigma/ (10^{-3}\,N/m)$	650	770	900	1150	1220	1510	2250	2680

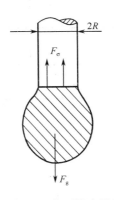

图 2-9　表面张力示意图

表面张力对熔滴的作用取决于焊缝在空间的位置。平焊时，表面张力是吸附熔滴和阻碍熔滴与焊丝末端相脱离的力，使熔滴增大，导致形成粗滴过渡，飞溅严重，对焊接过程是不利的；仰焊时，表面张力则成为焊缝熔池吸附熔滴到熔池和克服重力不让熔池金属下淌的力，对焊接过程是有利的。

在熔滴上具有少量的表面活化物质时，可以大大地降低表面张力系数。在液体钢中最大的表面活化物质是氧和硫。纯铁被氧饱和后，其表面张力系数降低到 $1030 \times 10^{-3}\,N/m$。因此，影响这些杂质含量的各种因素（金属的脱氧程度、渣的成分等）将会影响熔滴过渡的特性。增加熔滴的温度，会降低金属的表面张力系数，从而减小熔滴的尺寸。

3. 电磁作用力

两根平行的载流导体通以同向电流时，彼此产生相互吸引的力，方向由外向内。电流通过熔滴时，导电的截面是变化的，电磁力产生轴向分力，其方向总是从小截面指向大截面，如图 2-10 所示。这时，电磁力可分解为径向和轴向的两个分力。

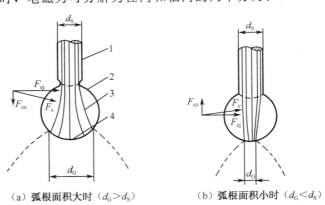

（a）弧根面积大时（$d_G > d_S$）　　（b）弧根面积小时（$d_G < d_S$）

图 2-10　电磁力分布和熔滴上弧根面积大小的关系

1—焊丝；2—液体金属；3—电弧线；4—电弧弧根

4. 气体的吹力

焊接时高温反应产生的气体，主要有 CO 和 CO_2 等，因受热急剧膨胀，沿焊条末端的套筒方向形成强烈的气流，形成气体吹力。

焊条药皮中的造气物质（如木粉、纤维素以及大理石等）在电弧热的作用下，高温时反应生成气体，主要有 CO、CO_2 和水蒸气等，此时还有少量的金属蒸气。这些气体因受热而急剧膨胀，沿焊条末端套筒的方向形成强烈的气流喷向工件，即气体吹送力，将熔滴迅速送入熔池。电流密度越大，电弧空间温度越高，气体膨胀越强烈，因此气体吹力也就越大。但这时伴随着产生飞溅，损失也可能更为严重，因此，焊接电流应选取适当。

焊条电弧焊时，气体吹送力是保证熔滴过渡的重要力之一，不论在哪一种空间位置进行焊接，它都促使熔滴过渡到熔池中去。熔化极气体保护焊时，由气罩喷出的保护气流也同样具有吹送熔滴的作用，当采用大电流时则形成等离子流力。

5. 斑点压力

电极上形成斑点时，由于斑点是导电的主要通道，所以此处既是产热集中的地方，又是承受电子（反接时）或正离子（正接时）撞击力的地方，此撞击力即为斑点压力。斑点压力是阻碍熔滴过渡的力。不同极性时，电极上所受的斑点压力不同（图 2-11）。

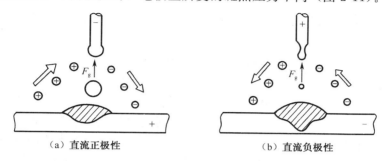

（a）直流正极性　　　　　　　　　　　　（b）直流负极性

图 2-11　不同电源极性时斑点压力对熔滴过渡的影响

综上所述，熔化极电弧焊时，影响熔滴过渡的力比较多，从作用上看，大体可归纳为三类。

第一类是纯粹的过渡力，即无论在什么情况下，这类力总是促使熔滴和焊丝末端相脱离，形成熔滴过渡。属于这一类的有等离子流力、气体吹送力。

第二类是纯粹的反作用力。即无论在什么情况下，这类力总是阻碍熔滴同焊丝末端相脱离，阻止熔滴过渡。当反作用力很大时，易使焊丝末端形成粗大的熔滴并产生偏摆，使电弧和焊接过程不稳定。属于这一类的力有斑点压力和熔滴表面金属蒸发及析出气体的反作用力。

第三类力依赖焊接条件而变化，可能是过渡力，也可能成为反过渡力。属于这一类的有重力、表面张力和电磁力。爆破力在短路过渡时起过渡力的作用，但却造成飞溅。

二、熔滴过渡状态

1. 滴状过渡

滴状过渡时，电弧电压较高。根据焊接参数及焊接材料的差别，又分为粗滴过渡和细滴过渡。如图 2-12 所示，当电流较小而电弧电压较高时，由于弧长较长，熔滴不与熔池短路接触，且电弧力作用小，随着焊丝熔化，熔滴逐渐长大，当熔滴的重力能克服其表面张力的作用时，就以较大的颗粒脱离焊丝，落入熔池实现滴落过渡。粗滴过渡的熔滴大，形成时间长，影响电弧稳定性，焊缝成形粗糙，飞溅较多，生产中很少采用。

当电流较大时，电磁收缩力较大，熔滴的表面张力减小，熔滴细化，其直径一般等于或略小于焊丝直径，熔滴向熔池过渡频率增加，飞溅少，电弧稳定，焊缝成形较好，这种过渡形式称细滴过渡，在生产中被广泛应用。

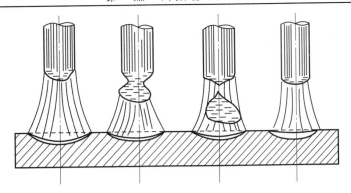

图 2-12　滴状过渡示意图

2. 喷射过渡

随着焊接电流的增加，熔滴尺寸变得更小，过渡频率也急剧提高，在电弧力的强制作用下，熔滴脱离焊丝沿焊丝轴向飞速地射向熔池，这种过渡形式称喷射过渡。如图 2-13 所示，喷射过渡焊接过程稳定，飞溅小，过渡频率快，焊缝成形美观，对焊件的穿透力强，可得到焊缝中心部位熔深明显增大的指状焊缝。平焊位置、板厚大于 3mm 的工件多采用这种过渡形式，但不宜焊接薄板。

熔滴从滴状过渡转变成喷射过渡的最小电流值称临界电流，大于这个电流，熔滴体积急剧减小而熔滴过渡频率急剧上升，临界电流与焊丝成分、直径、伸出长度和保护气体成分等因素有关。当焊接电流比临界电流高很多时，喷射过渡的细滴在高速喷出的同时对焊丝端部产生反作用力，一旦反作用力偏离焊丝轴线，则使金属液柱端头产生偏斜，继续作用的反作用力将使金属液柱旋转，产生所谓的旋转喷射过渡。

3. 短路过渡

电弧引燃后，随着电弧的燃烧，焊丝（或焊条）端部熔化形成熔滴并逐步长大，在小电流、低电压焊接时，弧长较短，熔滴在脱离焊丝前就与熔池接触形成液态金属短路，使电弧熄灭，当液桥金属在电磁收缩力、表面张力作用下，脱离焊丝过渡到熔池中去时，电弧复燃，又开始下一周期过程，如图 2-14 所示，这种过渡形式称短路过渡。在熔化极电弧焊中，使用碱性焊条的焊条电弧焊及细丝气体保护电弧焊，熔滴过渡形成主要为短路过渡。

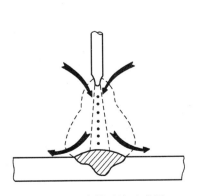

图 2-13　喷射过渡示意图

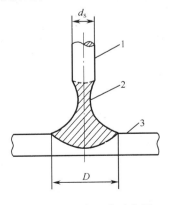

图 2-14　短路过渡示意图

1—焊丝；2—液态金属；3—熔池

4. 渣壁过渡

焊条熔滴渣壁过渡的特点是熔滴总是沿着焊条套筒内壁的某一侧滑出套筒，并在脱离套筒边缘之前，就已脱离焊芯端部而和熔池接触（不构成短路），然后向熔池过渡，如图 2-15 所示，故又称沿套筒过渡。渣壁过渡是埋弧焊和焊条电弧焊时熔滴过渡形式之一。

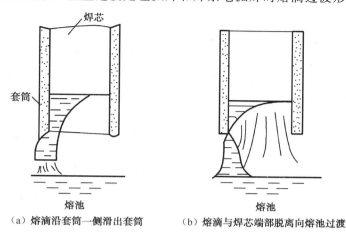

（a）熔滴沿套筒一侧滑出套筒　　　　（b）熔滴与焊芯端部脱离向熔池过渡

图 2-15　渣壁过渡示意图

第五节　电弧偏吹

一、焊接电源的极性

焊接电源的类型有直流电源和交流电源，交流电源产生的极性是随着时间不断变化的，把电位随时间发生变化的那根线叫做火线，另一根叫做地线（电位不变的线）。焊接过程中，两根线互换差别不大。直流电源有正极和负极，焊接时有两种接线法。

① 直流正接：焊件接正极，焊钳接负极，如图 2-16（a）所示。
② 直流反接：焊件接负极，焊钳接正极，如图 2-16（b）所示。

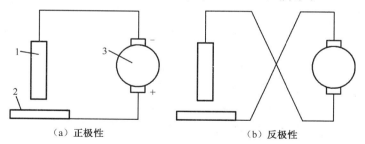

（a）正极性　　　　　　　　（b）反极性

图 2-16　焊接电源的极性
1—焊条；2—焊件；3—电源

注意直流电弧的极性是以焊件为基准的，焊件接正极为正接，焊件接负极为反接。

焊接电源及极性的选择主要根据焊接材料的性质、焊件材料的厚度及所需的热量。手工电弧焊使用酸性焊条焊接时，采用直流正接法焊接厚板，正极温度比负极温度高，散发的热量多，因此可以获得较大熔深，保证焊透；而采用直流反接法焊接薄板，负极温度比正极温度低，散发的热量少，因此可以防止烧穿。

　　堆焊时，采用反接，其目的是增加焊条的熔化速度，减少母材的熔深，有利于降低母材对堆焊层的稀释。对于碱性焊条（低氢钠型焊条），采用直流反接，电弧燃烧稳定，飞溅少，而且焊接时声音较平静均匀，减少氢气孔的产生。

二、电弧偏吹现象

　　电弧偏离焊条轴线的现象称为电弧偏吹。电弧偏吹使温度分布不均匀，容易产生咬边、未熔合和夹渣等缺陷，故必须研究引起偏吹的原因及预防措施。

　　1. 产生电弧偏吹的原因

　　① 焊条药皮偏心，圆周各处药皮厚度不一致，熔化快慢不同，药皮薄的一边熔化得快，药皮厚的一侧熔化慢，焊条端部产生"马蹄形"套筒，使电弧吹向一边，如图 2-17（a）所示。

　　② 气流的影响。在钢板两端焊接时，由于热空气上升引起冷空气流动，使电弧向钢板外面偏吹。

　　③ 风的影响。在风的作用下，电弧向风吹的方向偏斜。

　　④ 接地线位置不适当引起的偏吹如图 2-17（b）所示。

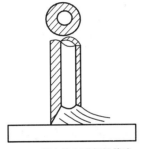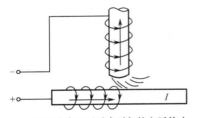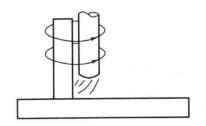

（a）药皮偏心引起的偏吹　　　（b）接地线位置不适当引起的电弧偏吹

图 2-17　电弧偏吹　　　　　　　　　　　　图 2-18　铁磁物质对电弧磁偏吹的影响

　　2. 防止电弧偏吹的措施

　　① 如果发现焊条出现"马蹄形"，当"马蹄形"不大时，可转动焊条，改变偏吹的方向，调整焊缝成形；若"马蹄形"较大，则更换焊条。

　　② 改变焊件上的接线位置，地线接在焊件中间较好。

　　③ 焊 T 形接头或焊接具有不对称铁磁物质的焊件时，可适当改变焊条角度，削弱立板的影响，铁磁物质对电弧磁偏吹的影响如图 2-18 所示。

　　④ 在钢板两头焊接时，可改变焊条角度或增加引弧板和引出板。

　　⑤ 避免在有风的地方焊接或用防护挡板挡风。

第三章 焊接识图

第一节 焊接接头形式

用焊接的方法连接的接头称为焊接接头。焊接接头包括焊缝（OA）、熔合区（AB）和热影响区（BC），如图 3-1 所示。

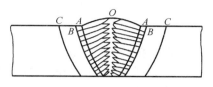

图 3-1 焊接接头示意图

焊缝是焊件经焊接后形成的结合部分。通常由熔化的母材和焊接材料组成，有时全部由熔化的母材构成。

热影响区是焊接过程中，母材因受热的影响（但未熔化）金相组织和力学性能发生了变化的区域。

熔合区是焊接接头中焊缝向热影响区过渡的区域。它是刚好加热到熔点和凝固温度区的那部分。

由于焊件的结构形状、厚度及技术要求不同，其焊接接头的形式及坡口形式也不相同。焊接接头的基本形式可分为：对接接头、T 形接头、角接接头、搭接接头四种。有时焊接结构中还有一些特殊的接头形式，如十字接头、端接接头、卷边接头、套管接头、斜对接接头、锁底对接接头等。焊缝名称术语如图 3-2 所示。

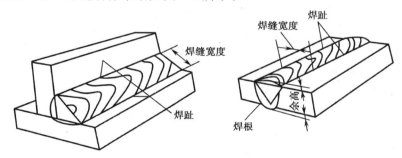

图 3-2 焊缝名称术语

一、对接接头

两焊件端面相对平行的接头称为对接接头。对接接头是各种焊接结构中采用最多的一种。

二、T 形接头

一焊件的端面与另一焊件的表面构成直角或近似直角的接头称为 T 形接头，如图 3-3 所示。

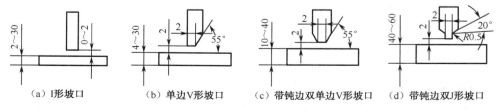

(a) I 形坡口　　(b) 单边V形坡口　　(c) 带钝边双单边V形坡口　　(d) 带钝边双J形坡口

图 3-3 T 形接头

三、角接接头

两焊件端面间构成大于30°、小于135°夹角的接头，称为角接接头，如图3-4所示。

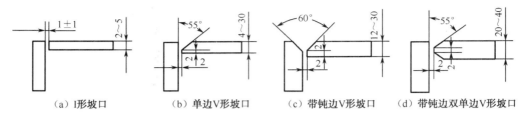

（a）I形坡口　　　（b）单边V形坡口　　　（c）带钝边V形坡口　　　（d）带钝边双单边V形坡口

图3-4　角接接头

四、搭接接头

两焊件部分重叠构成的接头称为搭接接头，如图3-5所示。

五、端接接头

一焊件端面棱线其中一条与另一焊件的一条端面棱线相互重合形成端面夹角小于30°的接头称为端接接头，如图3-6所示，端接接头一般用于密封。

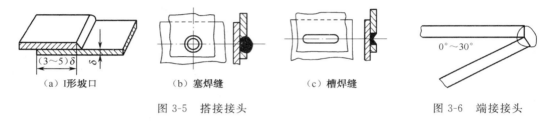

（a）I形坡口　　　　　（b）塞焊缝　　　　　（c）槽焊缝

图3-5　搭接接头　　　　　　　　　　图3-6　端接接头

第二节　焊缝坡口形式

开坡口的主要目的是保证接头根部焊透，以便清除熔渣，获得优质的焊接接头，而且坡口还可以调节焊缝的熔合比（即母材金属在焊缝中占的比例），用于厚板的焊接。

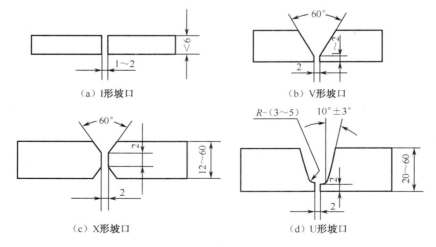

（a）I形坡口　　　　　　　　　　（b）V形坡口

（c）X形坡口　　　　　　　　　　（d）U形坡口

图3-7　常见的坡口形式

一、I形坡口

如图3-7（a）所示，对接接头钢板厚度在6mm以下的焊件，一般不开坡口，为使焊接达到一定的熔透深度，留有 1～2mm 的根部间隙。

二、V 形坡口

如图 3-7（b）所示，钢板厚度在 6～40mm 时，采用 V 形坡口。这种坡口的特点是加工容易，但焊后焊件易产生角变形。

三、X 形坡口

如图 3-7（c）所示，钢板厚度在 12～60mm 时，采用 X 形坡口。与 V 形坡口相比较，在相同厚度下，能节约焊接金属材料，焊件焊后变形和产生的内应力也小些，所以它主要用于大厚度以及要求变形较小的焊接结构中。

四、U 形坡口

如图 3-7（d）所示，当钢板厚度在 20～60mm 时，采用 U 形坡口，当钢板厚度为 40～60mm 时，采用双 U 形坡口。U 形坡口的特点是焊接金属材料量最少，焊件产生的变形也小，焊缝金属中母材比例小。但这种坡口加工较为困难，一般应用于重要的焊接结构。

五、坡口尺寸及选择原则

在实际生产中，为了适应产品性能、结构方面的要求，就产生了各种各样的坡口形式，但都是由这四种基本坡口形式演变和组合而成的。

① 坡口形式和尺寸参照国家标准 GB 985—1988。

② 上述各种接头形式在选择坡口形式时，应尽量减少焊缝金属的填充量，便于装配和保证焊接接头的质量，因此应考虑下列几条原则：保证焊件焊透；坡口的形状容易加工；尽可能节省焊接材料，提高生产率；焊接后焊件变形尽可能小。

第三节　焊缝分类

一、按接头形式分类

① 对接焊缝：一般是指对接接头的焊缝，包括 T 形接头开坡口焊透的焊缝。

② 角焊缝：是沿两相交直角或近相交直角焊件的交线所焊接的焊缝。

③ 端接焊缝：是构成端接接头所形成的焊缝。

④ 塞焊缝：是指两焊件相叠，其中一块开有圆孔，在圆孔中焊接两板而形成的焊缝。

⑤ 组合焊缝：是一条焊缝同时有两种基本焊缝形式组合成的焊缝。

⑥ 点焊缝：电阻焊中的点焊机焊的焊缝。

具体参照表 3-1。

二、按工作性质分类

① 工作焊缝是指在焊接结构中担负着传递全部载荷作用的焊缝。焊缝一旦产生断裂，结构就会立即失效，对这种焊缝必须进行强度计算，如图 3-8（a）所示。

② 联系焊缝是指焊接结构中不直接承受载荷、只起连接作用的焊缝。它是将两个或两个以上焊件连成一个整体，以保持其相对位置。此类焊缝通常不作强度计算，如图 3-8（b）所示。

③ 密封焊缝是结构上主要用于防止流体渗漏的焊缝。密封焊缝可以同时是工作焊缝或联系焊缝。

④ 定位焊缝是为装配和固定焊件的位置而进行焊接的短焊缝。定位焊缝所用的焊接材料、对焊工的要求等均应与正式焊缝一样。

表 3-1　焊缝

焊缝名称	示　意　图	焊缝名称	示　意　图
对接焊缝		塞焊缝	
角焊缝		组合焊缝	
端接焊缝	0°～30°	点焊缝	

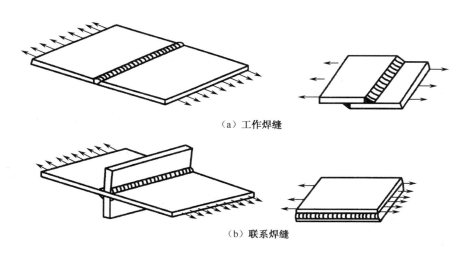

（a）工作焊缝

（b）联系焊缝

图 3-8　工作焊缝和联系焊缝

第四节　焊缝符号标注

　　焊缝符号是可以简单明了地指出焊接接头的类型、形状、尺寸、位置、表面形状、焊接方法及与焊接有关的各项条件的代号和符号，国家标准对设计图样上使用的焊缝符号及其标注方法已做出明确规定。

　　GB 324—1988《焊缝符号表示法》规定，适用于金属的熔焊及电阻焊，焊缝符号一般是由基本符号与指引线组成，必要时，可加上辅助符号、补充符号和焊缝尺寸符号。

一、焊缝基本符号

　　焊缝基本符号是表示焊缝横剖面形状特征的符号。它采用近似于焊缝横剖面形状的象形符号表示，是在标注焊缝时必须有的符号，不能省略，一共有 12 个，具体参见表 3-2。

表 3-2　焊缝基本符号

序号	名　称	示　意　图	符　号
1	卷边焊缝（卷边完全熔化）	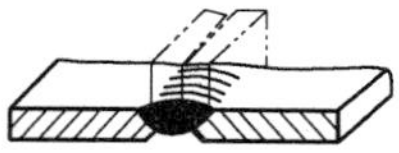	 八
2	I 形焊缝		‖
3	V 形焊缝		 V
4	单边 V 形焊缝		 ⌐
5	带钝边 V 形焊缝		 Y
6	带钝边单边 V 形焊缝		Ⱶ
7	带钝边 U 形焊缝		 Y
8	带钝边 J 形焊缝		 Ⱶ
9	封底焊缝		⌣
10	角焊缝	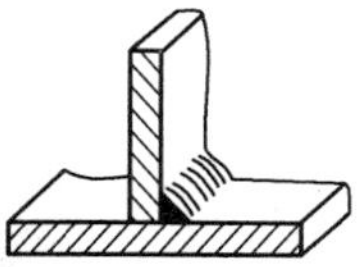	 ◺
11	塞焊缝或槽焊缝	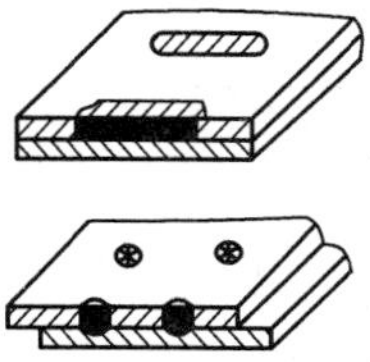	⊓
12	点焊缝	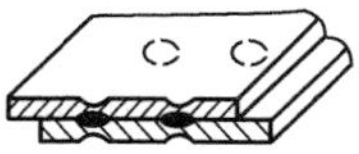 电阻焊	○
		 熔焊	

二、焊缝辅助符号

焊缝辅助符号是表示焊缝表面有特殊要求的符号，即焊缝表面形状特征的符号。如果对焊缝的表面形状没有特殊要求，图样上可以省略辅助符号，辅助符号共有 6 种，具体参见表 3-3。

表 3-3　焊缝辅助符号及应用示例

序号	辅助符号名称	符号	焊缝示意图	说明	辅助符号应用示例	
					焊缝名称	符号
1	平面符号	—		焊缝表面齐平（一般通过加工）	平面 V 形对接焊缝	
					平面封底 V 形焊缝	
2	凹面符号			焊缝表面凹陷	凹面角焊缝	
3	凸面符号			焊缝表面凸起	凸面 V 形焊缝	
					凸面 X 形对称焊缝	
4	焊趾平滑过渡符号			角焊缝具有平滑过渡的表面	平滑过渡熔成一体的角焊缝	
5	永久性带状衬垫符号	M		防止焊缝底部烧穿而使用的背面衬垫，焊后不能拆除		
6	可拆卸带状衬垫符号	MR		防止焊缝底部烧穿而使用的背面衬垫，焊后可拆除		

注：序号 4、5、6 为 ISO 2553：1992（E）增加的辅助符号。

三、焊缝补充符号

焊缝补充符号用来说明对焊缝的某些特殊要求。如果对焊缝没有特殊要求，图样上可以省略补充符号，补充符号共有 5 种，具体参见表 3-4。

表 3-4　焊缝补充符号

序号	补充符号名称	符号	示　意　图	说　　明
1	带垫板符号	▢	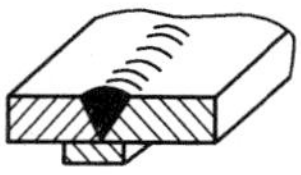	表示焊缝底部有垫板
2	三面焊缝符号	⊏	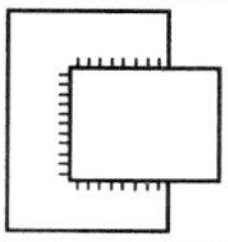	表示三面有焊缝
3	周围焊缝符号	○	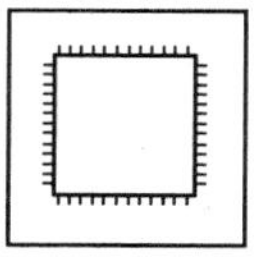	表示环绕焊件周围焊缝
4	现场符号	 ◢	表示在现场或工地上进行焊接	
5	尾部符号	<	标注焊接方法代号，按 GB/T5185—1985 标注。也可标注验收标准、填充材料等相关条款，可用斜线隔开	

补充符号应用示例见表 3-5。焊缝基本符号应用示例见表 3-6。焊缝基本符号与辅助符号组合应用示例见表 3-7。

表 3-5　补充符号应用示例

序　　号	标注示例	说　　明
1	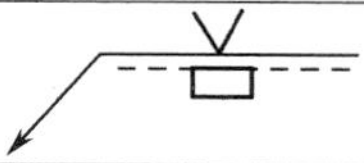	表示 V 形坡口焊缝的背面有垫板
2		焊件三面有角焊缝，焊接方法为焊条电弧焊（代号 111）
3	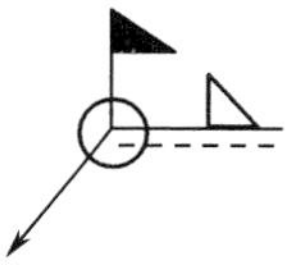	表示现场或工地焊件四周施焊的角焊缝

表 3-6　焊缝基本符号应用示例

符　号	示　意　图	标　注　方　法	
‖	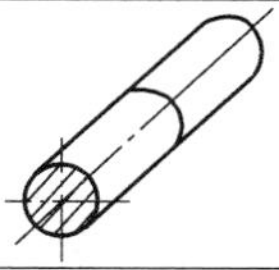		
∨	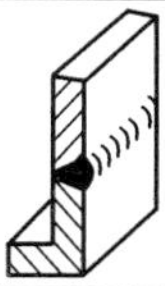	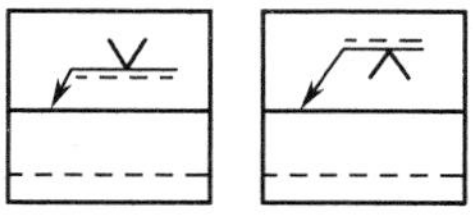	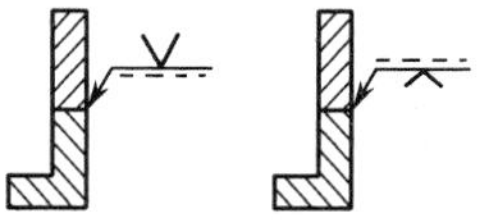
 ∨	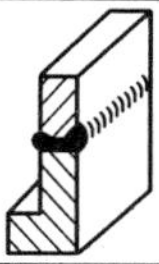	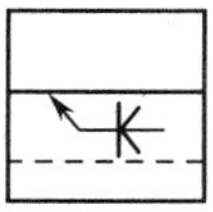	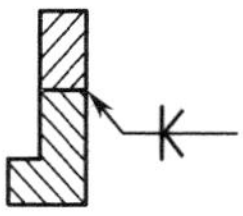

表 3-7　焊缝基本符号与辅助符号组合应用示例

符　号	示　意　图	标　注　方　法

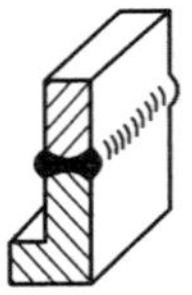

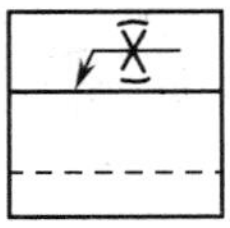

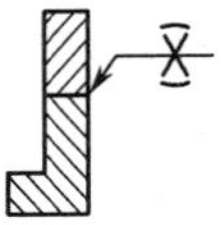

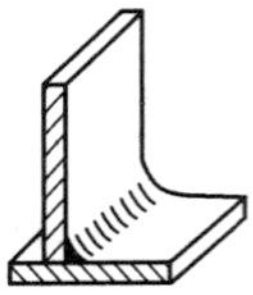

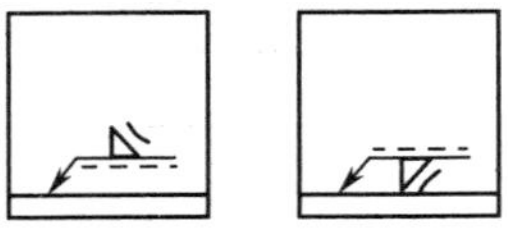

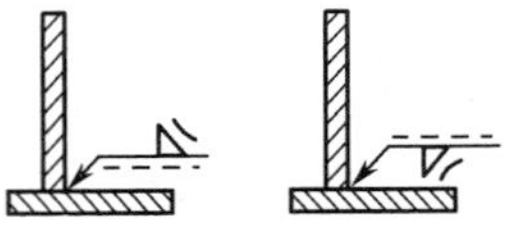

四、焊缝尺寸符号

用来表示焊缝横截面、长度的实际尺寸大小，一共有 16 种，共分 4 类，表示焊缝截面尺寸的符号有 8 个，表示焊缝长度符号的有 3 个，表示焊缝截面角度尺寸的符号有 3 个，表示相同焊缝数量符号的有 1 个，表示焊件厚度的有 1 个（不标注在焊缝符号上、而标注在工件上），具体参见表 3-8。

表 3-8　焊缝尺寸符号

符号	名　称	示　意　图	符号	名　称	示　意　图
δ	焊件厚度	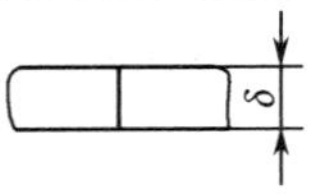	e	焊缝间距	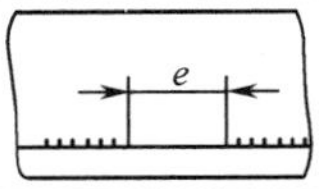
α	坡口角度	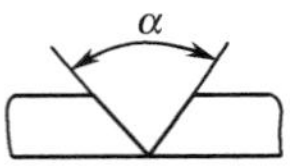	K	焊脚尺寸	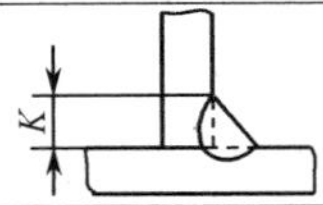
b	根部间隙	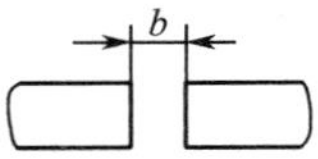	d	熔核直径	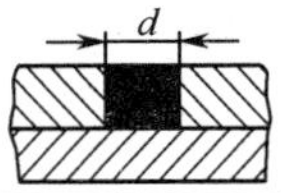
p	钝边高度	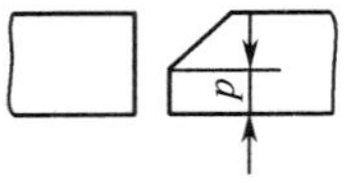	S	焊缝有效厚度	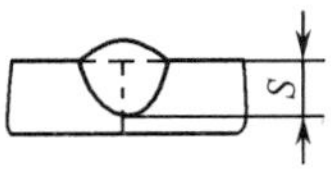
c	焊缝宽度	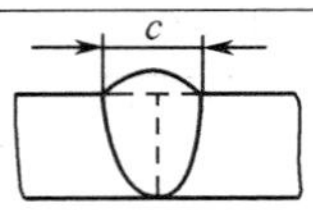	N	相同焊缝数量符号	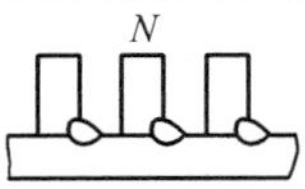
R	根部半径	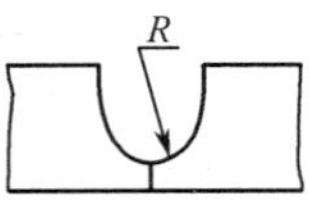	H	坡口深度	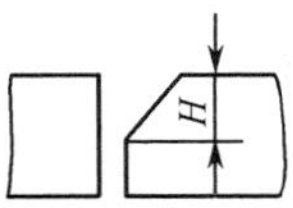
l	焊缝长度	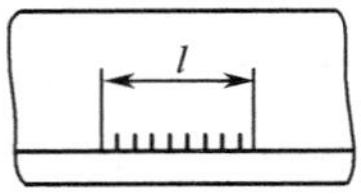	h	焊缝余高	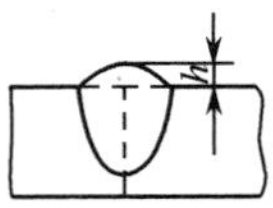
n	焊缝段数	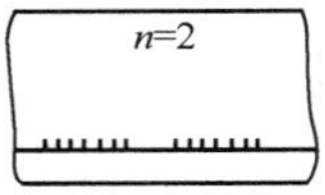	β	坡口面角度	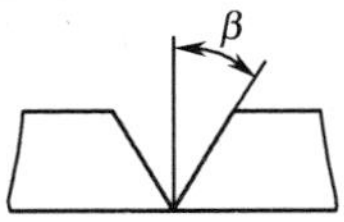

焊缝符号组合应用示例见表 3-9。特殊焊缝的标注应用示例见表 3-10。

表 3-9 焊缝符号组合应用示例

序号	符号组合	示意图	图示法	标注方法
1  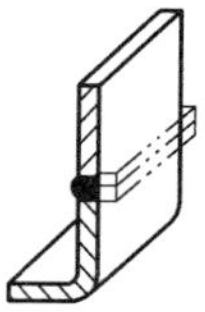 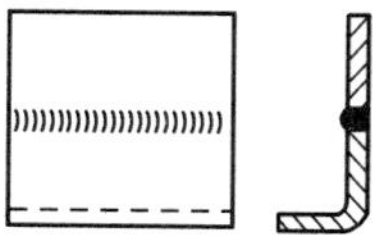 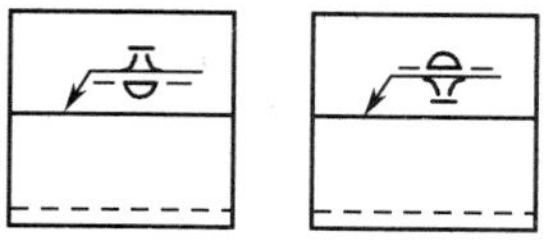 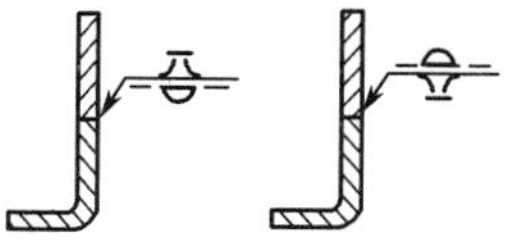				
2  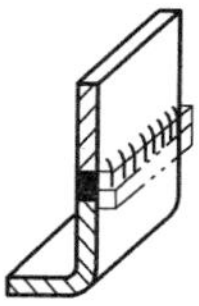 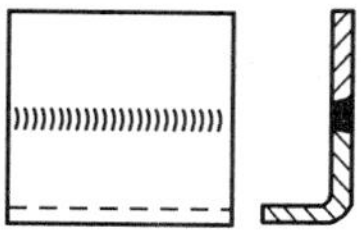 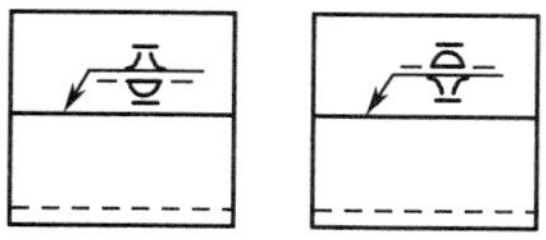 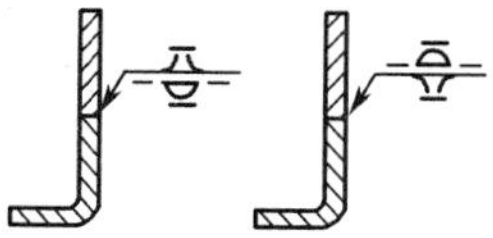				
3  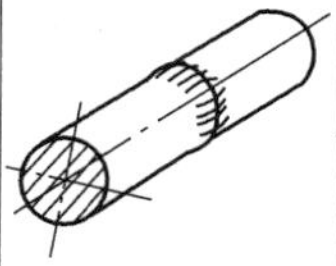 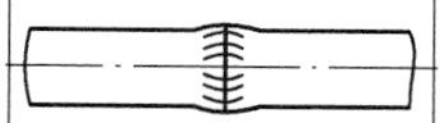 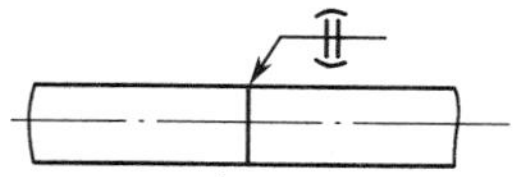 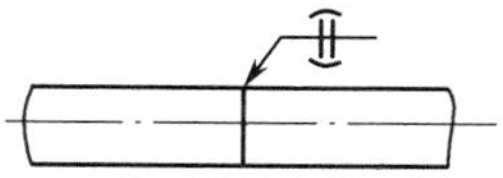				
4  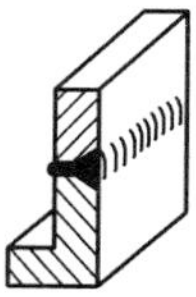 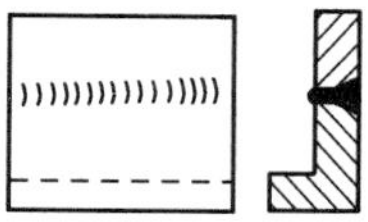 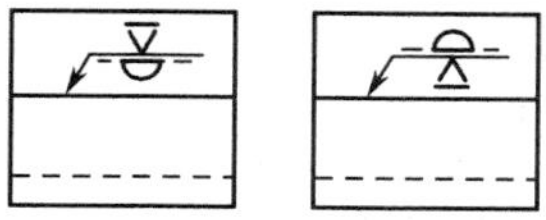 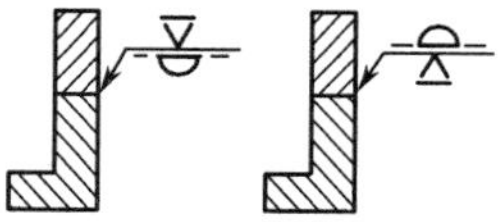				

表 3-10 特殊焊缝的标注应用示例

序号	符号组合	示意图	图示法	标注方法
1		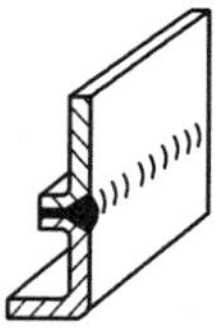	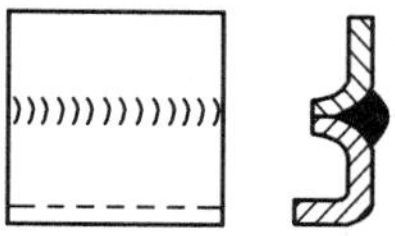	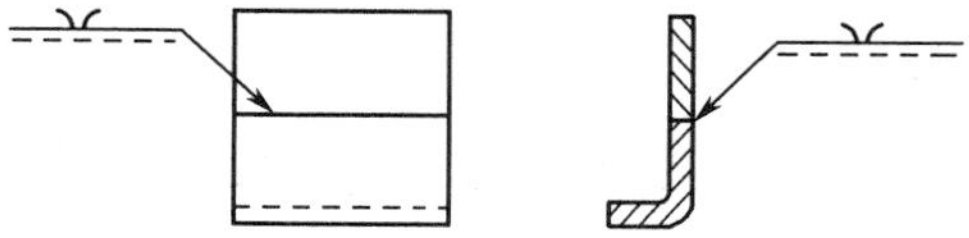
2		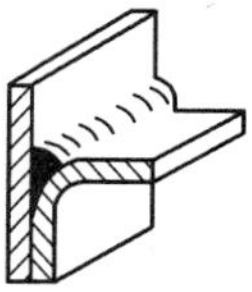	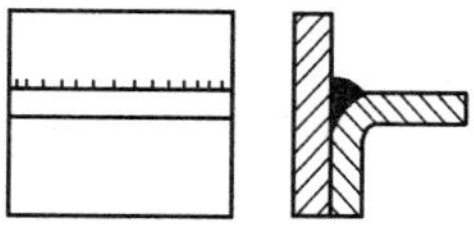	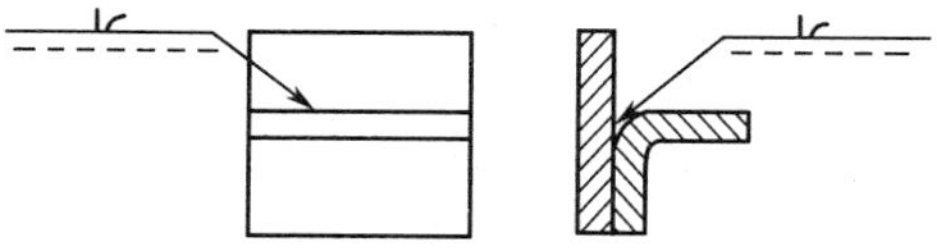
3		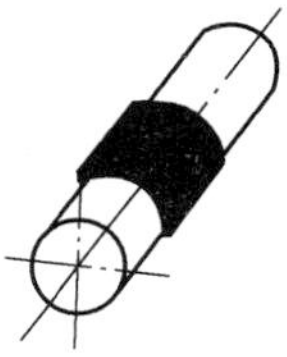		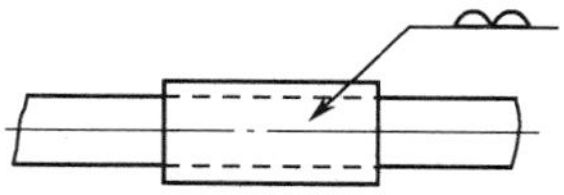
4	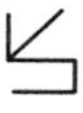		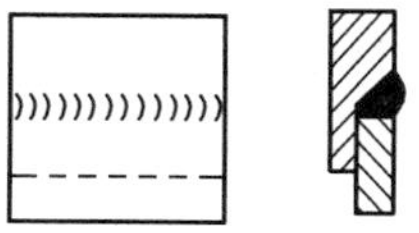	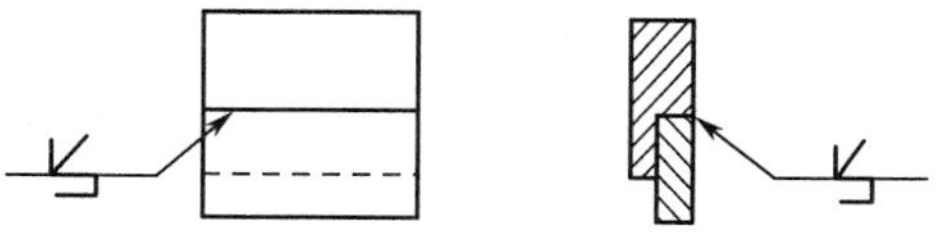

五、指引线

指引线是由带有箭头的箭头线和两条基准线（一条为实线，另一条为虚线）组成。其中，基准线的虚线可以画在实线的上侧，也可以画在实线的下侧。

如图 3-9 所示是在图样上标注焊缝的指引线。

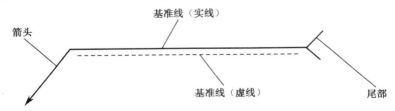

图 3-9 标注焊缝的指引线

六、焊缝符号的标注方法

① 基本符号与指引线在图样上的标注。图 3-10 为带单角焊缝的 T 形接头。图 3-11 为双角焊缝十字接头。

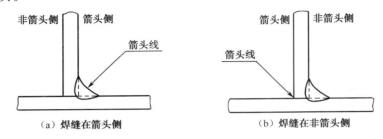

图 3-10 带单角焊缝的 T 形接头

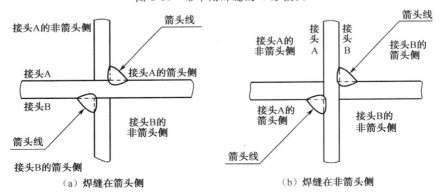

图 3-11 双角焊缝十字接头

表 3-11 为焊缝位置与基本符号相对基准线的关系。

国标规定基准线的虚线可以画在实线的上侧，也可以画在实线的下侧。基准线一般应与图样的底边平行，特殊情况亦可与底边相垂直。

如果焊缝在接头的箭头侧，基本符号在基准线的实线侧。

如果焊缝在接头的非箭头侧，基本符号在基准线的虚线侧。

如果是对称焊缝及双面焊缝，基准线可以省略虚线。

表 3-11 焊缝位置与基本符号相对基准线的关系

焊缝位置	基本符号相对基准线的关系	说 明
焊缝在接头的箭头侧	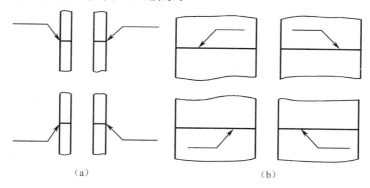	基本符号在基准线的实线侧
焊缝在接头的非箭头侧		基本符号在基准线的虚线侧
对称焊缝		基准线可以省略虚线

② 指引线的位置和指向。

国家标准对箭头线相对焊缝位置一般没有特殊要求，如图 3-12 所示。但是，在标注单边 V 形、单边 Y 形、单边 J 形焊缝时，箭头线应指向带坡口一侧的工件，如图 3-13 所示。必要时，允许箭头折弯一次，如图 3-14 所示。

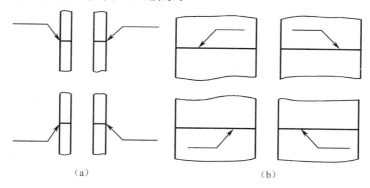

(a)   (b)

图 3-12 箭头线标注的位置

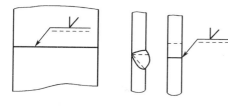

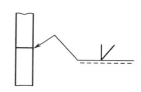

图 3-13 单边 V、Y、J 形坡口箭头的方向   图 3-14 弯折的箭头线

③ 辅助符号标注位置如表 3-3、表 3-7 所示。

④ 补充符号标注位置如表 3-5 所示。

⑤ 特殊焊缝的标注如表 3-10 所示。

⑥ 焊缝尺寸符号的标注如图 3-15 所示。

表示焊缝截面长度尺寸的符号标注在基本符号的左侧；表示焊缝纵向长度尺寸的符号标注在基本符号的右侧；表示焊缝截面角度尺寸的符号标注在基本符号的上侧或下侧；相同焊缝数量的符号、焊接方法代号标注在尾部符号后面。

GB/T 5185—1985 中规定了 6 类 99 种焊接方法代号，常用的焊接方法代号见表 3-12。

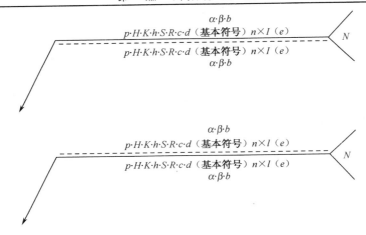

图 3-15 焊缝尺寸符号标注

表 3-12 常用的焊接方法代号

焊接方法名称	代 号	焊接方法名称	代 号
电弧焊	1	等离子弧焊	15
手工电弧焊	111	电阻焊	2
埋弧焊	12	气焊	3
熔化极惰性气体保护焊（MIG）	131	氧-乙炔焊	311
熔化极非惰性气体保护焊（MAG）	135	电渣焊	72
钨极惰性气体保护焊（TIG）	141	钎焊	9

⑦ 关于尺寸符号的说明。若基本符号右侧既没有任何标注，又没有其他说明，表示焊缝在整个焊件长度上是连续的；若基本符号左侧既设有任何标注，又没有其他说明，表示对接焊缝要完全焊透；塞焊缝或槽焊缝带有斜边时，应标注孔底部的尺寸。

⑧ 一个完整的焊缝符号标注位置示意图如图 3-16 所示。

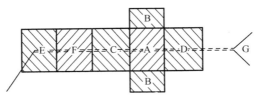

图 3-16 焊缝符号的标注位置分区的规定

A 区标注基本符号及带垫板符号。

B 区标注辅助符号及坡口角度 α、坡口面角度 β 和根部间隙 b。

C 区标注焊缝横截面尺寸，如钝边 p、焊缝宽度 c、根部半径 R、焊脚尺寸 K、熔核直径 d、焊缝有效厚度 S、坡口深度 H 和余高 h。

D 区标注长度方向尺寸，如焊缝长度 l、断续焊缝的段数 n 和焊缝间距 e。

E 区标注现场符号、周围焊缝符号，符号应标在箭头线与基准线（实线）相交处。

F 区标注三面焊缝符号。

G 区标注相同焊缝符号 N 和焊接方法代号（按 GB/T 5185—1985 规定）。

当箭头线方向变化时，E 区、G 区将随之变化，但 A、B、C、D、F 区的位置固定不变。

⑨ 焊缝尺寸标注示例见表 3-13。

表 3-13　焊缝尺寸标注示例

名　称	示　意　图	焊缝尺寸符号	示　例
对接焊缝	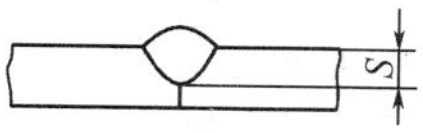	S：焊缝有效厚度	
交错断续焊缝	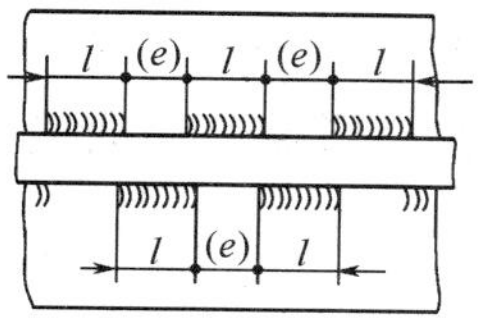	l：焊缝长度 e：焊缝间距 n：焊缝段数 K：焊脚尺寸	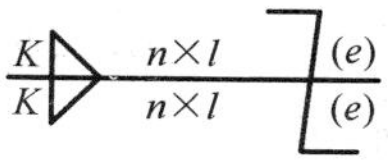
连续角焊缝	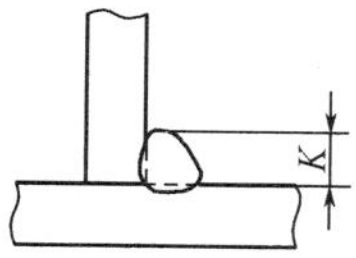	K：焊脚尺寸	
断续角焊缝	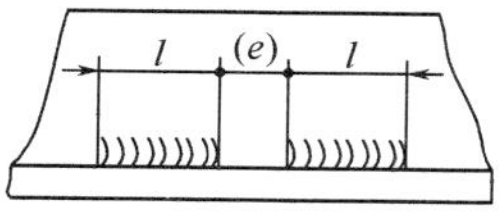	l：焊缝长度（不计弧坑） e：焊缝间距 n：焊缝段数 K：焊脚尺寸	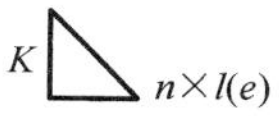

第五节　焊接结构识图

图样是工程的语言，读懂和理解图样是进行施工的必要条件。焊接结构是钢板和各种型钢为主体组成的，因此表达钢结构的图样就有其特点，掌握了这些特点就容易读懂焊接结构的施工图，从而正确地进行结构件的加工。

一、焊接结构图的特点

① 一般钢板与钢结构的总体尺寸相差悬殊，按正常的比例关系是表达不出来的，但往往需要通过板厚来表达板材的相互位置关系或焊缝结构，因此在绘制板厚、型钢断面等小尺寸图形时，是按不同的比例夸大画出来的。

② 为了表达焊缝位置和焊接结构，大量采用了局部剖视和局部放大视图，要注意剖视和放大视图的位置和剖视的方向。

③ 为了表达焊件与焊件之间的相互关系，除采用剖视外，还大量采用虚线的表达方式，因此，图面纵横交错的线条非常多。

④ 连接板与板之间的焊缝一般不用画出，只标注焊缝代号。但特殊的接头形式和焊缝尺寸应该用局部放大视图来表达清楚，焊缝的断面要涂黑，以区别焊缝和母材。

⑤ 为了便于读图，同一焊件的序号可以同时标注在不同的视图上。

二、焊接结构图的识图方法

焊接结构施工图的识读一般按以下顺序进行。

① 阅读标题栏，了解产品名称、材料、重量、设计单位等，核对一下各个焊件及部件

的图号、名称、数量、材料等，确定哪些是外购件（或库领件），哪些为锻件、铸件或机加工件。

②　再阅读技术要求和工艺文件。

③　正式识图时，要先看总图，后看部件图，最后再看焊件图。

④　有剖视图的要结合剖视图，弄清大致结构，然后按投影规律逐个焊件阅读。

⑤　先看焊件明细表，确定是钢板还是型钢；然后再看图，弄清每个焊件的材料、尺寸及形状。

⑥　看清各焊件之间的连接方法、焊缝尺寸、坡口形状，是否有焊后加工的孔洞、平面等。

第四章　焊接应力与焊接变形

在焊接过程中，由于工件的局部高温加热造成焊件上的温度分布不均匀，在热膨胀和冷却收缩受到拘束不能自由膨胀和自由收缩，导致在焊接结构内部产生了焊接应力与变形。焊接应力是引起焊接结构脆性断裂、疲劳断裂、应力腐蚀断裂和失稳破坏的主要原因，焊接变形使焊接结构的形状和尺寸精度难以达到技术要求，直接影响结构的制造质量和使用性能。因此应了解焊接应力和变形产生的原因、种类和影响因素，以及控制和防止的措施。

第一节　概　　述

一、焊接应力产生的原因

1. 焊件的不均匀受热

焊接时，由于靠近焊缝熔池部分的焊件局部温度较高而其他位置温度较低，温度高的由于热胀时受周围温度较低的拘束，不能自由伸长，受到压缩，当温度降低冷却时，不能恢复原有长度，就产生了拉应力。

假设焊接过程中焊件整体受热是均匀的，则加热膨胀和冷却收缩将不受拘束而处于自由状态，那么焊后焊件就不会产生焊接残余应力和变形，如表 4-1 所示。

表 4-1　金属棒自由膨胀和收缩

自由膨胀和收缩	加 热 过 程	变　　形	应　　力
	室温	原长	无
	加热	伸长	无
	冷却	缩短	无
	最终状态	原长	无

但是，焊接时焊件实际上是承受局部不均匀的加热和冷却。用一根金属棒进行不均匀加热和冷却，来模拟金属材料的焊接过程，说明焊接应力是如何产生的。

由表 4-2 可知，金属棒加热时，膨胀受到阻碍，产生了压应力，在压应力的作用下，产生一定热压缩塑性变形。冷却时，金属棒可以自由收缩，冷却到室温后金属棒长度有所缩短，横截面稍粗大，应力消失。

表 4-2　金属棒膨胀受阻、自由收缩

膨胀受阻、收缩自由	加 热 过 程	变　　形	应　　力
	室温	原长	无
	加热	伸长受阻	压应力
	冷却	缩短	无
	最终状态	缩短中心变厚	无

由表 4-3 可知，金属棒在加热和冷却过程中都受到拘束，其长度几乎不能伸长，也不能缩短。加热时，棒内产生压缩塑性变形，冷却时的收缩使棒内产生拉应力和拉伸变形。当冷

却到室温后，金属棒长度几乎不变，但金属棒内产生了较大的拉应力。

表 4-3   金属棒膨胀和收缩都受拘束

自由受阻、收缩受阻	加 热 过 程	变 形	应 力
	室温	原长	无
	加热	伸长受阻	压应力
	冷却	收缩受阻	拉应力
	最终状态	原长	残余拉应力

在焊接过程中，电弧热源对焊件进行了局部的不均匀加热，如图 4-1 所示，焊缝及其附近的金属被加热到高温时，由于受到其周围温度较低部分的抵抗，不能自由膨胀，将产生压应力，如果压应力足够大，就会产生压缩塑性变形。当焊缝及其附近金属冷却发生收缩时，同样也会受周围较低温度金属的拘束，不能自由地收缩，在产生一定的拉伸变形的同时，产生了焊接拉应力。

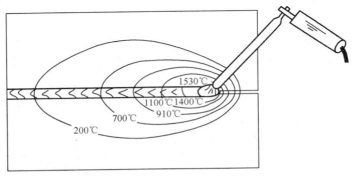

图 4-1   焊件上的温度分布

2. 焊缝金属的收缩

焊缝金属冷却时，当它由液态变为固态，其体积要收缩。由于焊缝金属与母材是紧密联系的，因此，焊缝金属并不自由收缩；另外，一条焊缝是逐步形成的，焊缝中先结晶的部分要阻止后结晶的部分收缩，由此会产生焊接残余应力。

3. 焊接引起的相变

焊接时局部金属发生相变，可得到不同的组织，而这些组织的体积也不一样。周围的金属阻碍其体积变化，在金属内部产生应力。

二、焊接变形产生的原因

焊接应力是在焊接过程中及焊接过程结束后，存在于焊件中的内应力。由焊接而引起的焊件尺寸变化称为焊接变形。焊件残余的变形称为焊接残余变形，通常这种变形是一种塑性变形，不能自由恢复，它是由焊接内应力引起的。

三、焊接残余变形

1. 收缩变形

① 纵向收缩变形：沿焊缝轴线长度方向尺寸的缩短。如图 4-2（a）所示，这是由于焊缝及其附近区域在焊接高温的作用下产生纵向的压缩塑性变形，焊后这个区域要收缩，便引起了焊件的纵向收缩变形。纵向收缩变形量取决于焊缝长度、焊件的截面积、材料的弹性模量、压缩塑性变形区的面积以及压缩塑性变形率等。焊件截面积越大，焊件的纵向收缩量越小。焊缝的长度越长，纵向收缩量越大。从这个角度考虑，在受力不大的焊接结构内，采用

间断焊缝代替连续焊缝，是减小焊件纵向收缩变形的有效措施。

　②　横向收缩变形：垂直于焊缝轴线长度方向的尺寸缩短。如图 4-2（a）所示，构件焊接不管何种接头形式，其横向收缩变形量，总是随焊接热输入增大而增加。装配间隙对横向收缩变形量的影响也较大，且情况复杂。一般来说，随着装配间隙的增大，横向收缩也增加。另外，横向收缩量沿焊缝长度方向分布不均匀，因为一条焊缝是逐步形成的，先焊的焊缝冷却收缩对后焊的焊缝有一定挤压作用，使后焊的焊缝横向收缩量更大。一般情况下，焊缝的横向收缩沿焊接方向是由小到大，逐渐增大到一定长度后便趋于稳定。由于这个原因，生产中常将一条焊缝的两端头间隙取不同值，后半部分比前半部分要大 1～3mm。

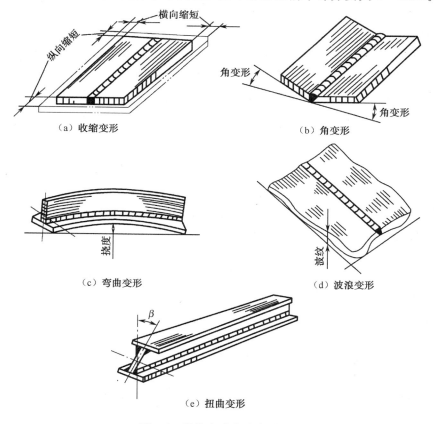

图 4-2　焊接变形的基本形式

　2. 角变形

　绕焊缝轴线的角位移叫角变形。如图 4-2（b）所示，中厚板对接焊、堆焊、搭接焊及 T 形接头焊接时，都可能产生角变形，角变形产生的根本原因是由于焊缝的横向收缩沿板厚方向分布不均匀。

　对接接头角变形主要与坡口形式、坡口角度、焊接方式等有关。坡口截面不对称的焊缝，其角变形大，因而用 X 形坡口代替 V 形坡口，有利于减小角变形；坡口角度越大，焊缝横向收缩沿板厚分布越不均匀，角变形越大。同样板厚和坡口形式下，多层焊比单层焊角变形大，焊接层数越多，角变形越大。多层多道焊比多层焊角变形大。

　3. 弯曲变形

　构件中性轴上下不对称的收缩引起的变形叫弯曲变形。如图 4-2（c）所示，弯曲变形是由于焊缝的中心线与结构截面的中性轴不重合或不对称、焊缝的收缩沿焊件宽度方向分布不均匀而引起的。

4．波浪变形（失稳变形）

薄壁结构在焊接残余压应力的作用下，局部失稳而产生波浪变形。如图 4-2（d）所示，波浪变形常发生于板厚小于 6mm 的薄板焊接过程中，又称为失稳变形。大面积平板拼接，如船体甲板、大型油罐底板等，极易产生波浪变形。

防止波浪变形可从两方面着手：一是降低焊接残余压应力，如采用能使塑性变形区小的焊接方法，选用较小的焊接热输入等；二是提高焊件失稳临界应力，如给焊件增加肋板，适当增加焊件的厚度等。

5．扭曲变形

由于装配不良、施焊程序不合理而使焊缝的纵向收缩不均匀所引起的变形。如图 4-2（e）所示，产生扭曲变形的原因主要是焊缝角变形沿焊缝长度方向分布不均匀。图 4-2（e）所示工字梁，主要是角变形沿焊缝长度逐渐增大的结果。如果改变焊接顺序和方向，使两条相邻的焊缝同时向同一方向焊接，就会克服这种扭曲变形。

6．焊接产生局部变形、角变形的原因

① 构件刚性小或不均匀，焊后收缩变形不一致。

② 构件本身焊缝布置不均匀，导致收缩不均匀，焊缝多的部位收缩大，变形也大。

③ 焊接顺序不当，焊接人员分布不均匀，或过于集中在某个位置，未对称分层、分段、间断施焊；焊接电流、速度、方向以及焊接时装配卡具不一致造成构件变形不一。

④ 组对焊接，焊后放置不平，应力释放时引起变形。

7．构件产生侧弯（旁弯）原因

① 构件组装未搭设拼装平台，基准面出现旁弯，焊接后产生弯曲。

② 构件组装间隙不均匀，焊接后收缩，向间隙大的一侧弯曲。

③ 组装与焊接工艺顺序不当或强行组装，焊接后还存在较大残余应力或焊后放置不平，支点太少或位置不正确而产生弯曲。

④ 运输、堆放、起吊支点、吊点不当，导致构件向一侧变形。

8．桁架类构件产生变形扭曲的原因

① 节点角钢拼接不严密，间隙不均或节点尺寸不符合要求，焊接后收缩不一。

② 组装工艺与焊接顺序不当，未对称、分层、分段、间断施焊，而是一个节点或一个面一次焊完，从而引起扭曲变形。

③ 构件拼装在地面上进行，基准面高低不平，造成构件焊接后尺寸不准，扭曲不平。

④ 对刚度差的构件，翻身时未进行加固，翻身后未检查找平就进行焊接。

⑤ 焊接时未设胎具、夹具等将构件夹紧。

9．箱梁类构件产生扭曲变形的原因

① 焊接顺序不当，将一个面的主焊缝及隔板、加强板的焊缝一次焊完，再翻身焊其余焊缝。

② 焊接人员分布不均，热量过于集中在某一位置。

③ 组对焊接或焊后放置不平，焊接应力释放时引起扭曲变形。

④ 箱梁隔板加工时对角线尺寸控制不严。

⑤ 构件翻身时乱摔，受猛烈冲击。

⑥ 同一节箱梁上几条焊缝焊接，间隔的时间过长，先焊接的已产生收缩变形，后焊接

的收缩量不够抵消前面的焊接变形。

10．构件产生下挠的原因

① 制作时未按设计和规范要求拱度起拱。

② 构件制作角度不准确或构件尺寸不符合设计要求。

③ 放线错误，未考虑起拱或起拱数值过小。

④ 连接处未用卡具卡紧。

⑤ 屋架立拼装中间支（顶）点下沉或弯曲。

11．产生焊缝开裂的原因

① 焊件的含碳量、碳当量过高，或硫、磷成分过高或分布不均匀。

② 焊条质量差或采用与母材强度、性能相差悬殊的焊条焊接，造成强度不够被拉裂。

③ 定位点焊数量太少或零件本身存在较大误差，组装不上，采取强制变形定位、组对焊接造成应力过大，将焊缝拉裂。

④ 刚度大的构件焊接规范顺序和方向选用不当。

⑤ 厚度大的焊件未进行预热；或在低温下焊接，使焊缝冷脆。

⑥ 由于结构本身构造或存在缺口，引起严重的应力集中。

⑦ 构件焊后受到强烈的冲击、振动。

第二节　焊接残余应力及其控制

焊接过程的不均匀温度场以及由它引起的局部塑性变形和比容不同的组织是产生焊接应力和变形的根本原因。当焊接引起的不均匀温度场尚未消失时，焊件中的这种应力和变形称为瞬态焊接应力和变形；焊接温度场消失后的应力和变形称为残余焊接应力和变形。在没有外力作用的条件下，焊接应力在焊件内部是平衡的。焊接应力和变形在一定条件下会影响焊件的功能和外观，因此是设计和制造中必须考虑的问题。

一、焊接残余应力的分布

在厚度不大的焊件中，焊接残余应力基本上是平面应力，厚度方向的应力很小。在自由状态下焊接的平板，沿焊缝方向的纵向残余应力在焊缝及其附近一般为拉应力，在远离焊缝处则为压应力。

垂直于焊缝方向的横向残余应力的分布与焊接顺序和方向有关，后焊的区段一般为拉应力，但平板对接焊时焊缝两端经常为压应力。厚板焊缝厚度方向的残余应力与焊接方法有关。电渣焊缝中为拉应力。

多层焊缝则焊接残余应力较低。焊接应力在厚度上的分布是中心部位最高，逐渐向表面过渡到零。电渣焊缝中心部位焊接残余应力的数值大于表层。多层焊缝则与此相反。在拘束状态下进行焊接（如封闭焊缝）时，则可能在比自由状态下大得多的范围内出现较高的拉应力，因而是更为危险的内应力。

二、焊接残余应力的影响

① 对强度的影响：如果在高残余拉应力区中存在严重的缺陷，而焊件又在低于脆性转变温度下工作，则焊接残余应力将使静载强度降低。在循环应力作用下，如果在应力集中处存在着残余拉应力，则焊接残余拉应力将使焊件的疲劳强度降低。

② 对刚度的影响：焊接残余应力与外载引起的应力相叠加，可能使焊件局部提前屈服

产生塑性变形。焊件的刚度会因此而降低。

③ 对受压杆件稳定性的影响：焊接杆件受压时，焊接残余应力与外载所引起的应力相叠加，可能使杆件局部屈服或使杆件局部失稳，杆件的整体稳定性将因此而降低。残余应力对稳定性的影响取决于杆件的几何形状和内应力分布。残余应力对非封闭截面（如工字形截面）杆件的影响比封闭截面（如箱形截面）的影响大。

④ 对加工精度的影响：焊接残余应力的存在对焊件的加工精度有不同程度的影响。焊件的刚度越小，加工量越大，对精度的影响也越大。

⑤ 对尺寸稳定性的影响：焊接残余应力随时间发生一定的变化，焊件的尺寸也随之变化。焊件的尺寸稳定性又受到残余应力稳定性的影响。

⑥ 对耐腐蚀性的影响：焊接残余应力和载荷应力一样也能导致应力腐蚀开裂。

三、减小和消除焊接应力的措施

① 为了消除和减小焊接残余应力，应采取合理的焊接顺序，先焊接收缩量大的焊缝。焊接时适当降低焊件的刚度，并在焊件的适当部位局部加热，使焊缝能比较自由地收缩，以减小残余应力。

② 热处理（高温回火）是消除焊接残余应力的常用方法。整体消除应力的热处理效果一般比局部热处理好。

③ 焊接残余应力也可采用机械拉伸法（预载法）来消除或调整，例如对压力容器可以采用水压试验，也可以在焊缝两侧局部加热到 200℃，造成一个温度场，使焊缝区得到拉伸，以减小残余应力。

第三节　焊接残余变形及其控制

焊接过程中引起的焊件变形直接影响焊件的性能和使用，因此需要采用不同的焊接工艺来控制和预防焊件的变形，并对产生焊接变形的构件进行矫正。

一、控制焊接残余变形的措施

① 从设计上合理地确定焊缝的数量、坡口的形状和尺寸，并恰当地安排焊缝的位置，对于减少残余变形十分重要。

② 在工艺上采用高能量密度的焊接方法和小热输入的工艺参数，例如多层焊对减少焊缝的纵、横向收缩以及由此引起的挠曲和失稳变形是有利的，但多层焊对角变形不利。

③ 采用合理的装配、焊接顺序、反变形法（如图 4-3 所示）和刚性固定法（如图 4-4 所示）可以减少焊接残余变形。

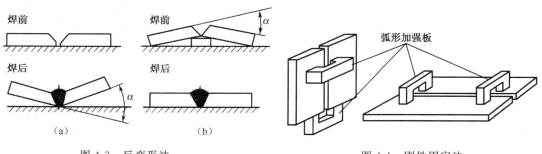

图 4-3　反变形法　　　　　　　　　　　图 4-4　刚性固定法

二、焊接残余变形的矫正

① 手工矫正法：就是利用手锤、大锤等工具锤击焊件的变形处。主要用于一些小型简单焊件的弯曲变形和薄板的波浪变形。

② 机械方法矫正：就是利用机器或工具来矫正焊接变形。具体地说，就是用千斤顶、拉紧器、压力机等将焊件顶直或压平。机械矫正法一般适用于塑性比较好的材料及形状简单的焊件。对于由长而规则的对接焊缝引起的薄板壳结构的变形，用钢轮辗压焊缝及其两侧，可获得良好的矫正效果。

③ 火焰加热矫正法：就是利用火焰对焊件进行局部加热，使焊件产生新的变形去抵消焊接变形。火焰加热矫正法在生产中应用广泛，主要用于矫正刚度较大的焊件的弯曲变形、角变形、波浪变形等，也可用于矫正扭曲变形。

点状加热：加热点的数目应根据焊件的结构形状和变形情况而定。对于厚板，加热点的直径应大些；薄板的加热点直径则应小些。变形量大时，加热点之间距离应小一些；变形量小时，加热点之间距离应大一些。

线状加热：火焰沿直线缓慢移动或同时作横向摆动，形成一个加热带的加热方式，称为线状加热。线状加热有直通加热、链状加热和带状加热三种形式，线状加热可用于矫正波浪变形、角变形和弯曲变形等。

三角形加热：即加热区域呈三角形，一般用于矫正刚度大、厚度较大的结构的弯曲变形。加热时，三角形的底边应在被矫正结构的拱边上，顶端朝焊件的弯曲方向，如图 4-5 所示。

火焰加热矫正焊接变形的效果取决于下列三个因素：加热方式的确定取决于焊件的结构形状和焊接变形形式，一般薄板的波浪变形应采用点状加热，焊件的角变形可采用线状加热，弯曲变形多采用三角形加热；加热位置的选择应根据焊接变形的形式和变形方向而定；加热温度和加热区的面积应根据焊件的变形量及焊件材质确定，当焊件变形量较大时，加热温度应高一些，加热区的面积应大一些。

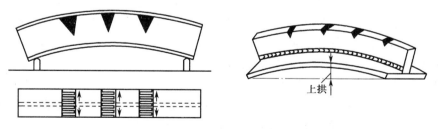

图 4-5　三角形火焰加热法

第五章 焊接缺陷

第一节 焊接形状缺陷

焊接形状缺陷主要有：焊缝尺寸不符合要求、咬边、弧坑、烧穿、焊瘤等。

一、焊缝尺寸不符合要求

如图 5-1 所示为焊缝尺寸不符合要求。

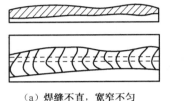

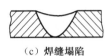

（a）焊缝不直，宽窄不匀　　　　（b）余高太大　　　　（c）焊缝塌陷

图 5-1　焊缝尺寸不符合要求

1. 焊缝成形差

焊缝波纹粗劣，焊缝不均匀、不整齐，焊缝与母材不圆滑过渡，焊接接头差，焊缝高低不平。

焊缝成形差的原因有：焊件坡口角度不当或装配间隙不均匀；焊口清理不干净；焊接电流不合理；焊接中运条速度和焊条摆动幅度过大或过小；焊条施焊角度选择不当等。

预防措施：

① 焊件的坡口角度和装配间隙必须符合图纸设计或所执行标准的要求。

② 焊件坡口打磨清理干净，无锈、无垢、无油脂等，露出金属光泽。

③ 根据不同的焊接位置、焊接方法、对口间隙等，按照焊接工艺卡和操作技能要求，选择合理的焊接电流、施焊速度和焊条的角度。

④ 加强焊工培训，建立持证上岗制度。

2. 焊缝余高、焊缝宽窄差不合格

板对接焊缝余高大于 3mm；局部出现负余高；余高差过大；角焊缝高度不够或焊脚尺寸过大，余高差过大；焊缝边缘不匀直，焊缝宽窄差大于 3mm。

产生的原因：焊接电流选择不当；运条（枪）速度不均匀，过快或过慢；焊条（枪）摆动幅度不均匀；焊条（枪）施焊角度选择不当等。

预防措施：

① 加强焊工操作技能培训，提高焊缝盖面水平。

② 提高焊工质量意识，重视焊缝外观质量。

二、咬边

如图 5-2 所示为咬边。焊缝与木材熔合不好，出现沟槽，深度大于 0.5mm，总长度大于焊缝长度的 10% 或大于验收标准要求的长度。

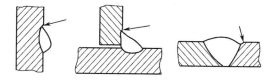

图 5-2 咬边

产生的原因：焊接热输入大，电弧过长，焊条（枪）角度不当，焊条送进速度不合适等。

预防措施：

① 根据焊接项目、位置，焊接规范的要求，选择合适的电流参数。

② 控制电弧长度，尽量使用短弧焊接。

③ 焊条送进速度与所选焊接电流参数协调。

④ 注意焊缝边缘与母材熔化结合时的焊条角度。

三、弧坑

如图 5-3 所示为弧坑裂纹。

焊接收弧过程中形成表面凹陷，并常伴随着缩孔、裂纹等缺陷。

图 5-3 弧坑裂纹

产生的原因：焊接收弧中熔池不饱满就进行收弧，停止焊接，焊工对收弧情况估计不足，停弧时间掌握不准。

预防措施：延长收弧时间；采取正确的收弧方法。

四、烧穿

焊接过程中，熔化金属自坡口背面流出，形成穿孔缺陷。

产生的原因：焊接电流过大；焊接速度过慢；装配间隙太大或钝边太小。

预防措施：

① 适当降低焊接电流；加快焊接速度。

② 根据间隙及钝边大小调整合适的焊接工艺参数或改变焊条角度及焊接速度。

五、焊瘤

如图 5-4 所示为焊瘤。焊接过程中，熔化金属流淌到焊缝之外未熔化的母材上形成金属瘤。

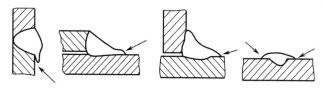

图 5-4 焊瘤

产生的原因：焊接电流太大；焊接速度太慢；电弧电压太低；焊缝两侧清理不好。

预防措施：

① 适当降低焊接电流，加快焊接速度。

② 拉长电弧，提高电弧电压，加强焊前清理。

第二节 未熔合与未焊透

一、未熔合

如图 5-5 所示为未熔合。未熔合分为根部未熔合、层间未熔合两种。根部未熔合主要是打底过程中焊缝金属与母材金属以及焊接接头未熔合；层间未熔合主要是多层多道焊接过程中层与层间的焊缝金属未熔合。

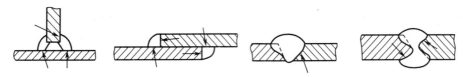

图 5-5 未熔合

产生的原因：焊接热输入小，焊接速度过快或操作手法不恰当以及焊前坡口面上有油、锈或其他污物。

预防措施：

① 适当加大焊接电流，提高焊接热输入。

② 焊接速度适当，不能过快，电弧在坡口面应适当停留，保证熔合良好。

③ 熟练操作技能，焊条角度正确。

④ 加强坡口面上的焊前清理。

二、未焊透

如图 5-6 所示为未焊透。焊接时，焊接接头根部未完全熔透，主要是指单面焊焊缝的根部或双面焊的中间部分。

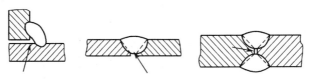

图 5-6 未焊透

未焊透会造成应力集中，并容易引起裂纹，重要的焊接接头不允许有未焊透存在。

产生的原因：装配间隙太小或钝边太大；焊缝坡口角太小，电弧达不到焊根处；焊接电流太小；焊接速度太快；电弧电压太高；焊条直径太粗；装配间隙处有锈或其他污物；焊条角度不对。

预防措施：

① 适当加大装配间隙或减小钝边。

② 适当加大坡口角度。

③ 增加焊接电流。

④ 压低电弧，降低电弧电压。

⑤ 改用小直径焊条打底焊。

⑥ 改正焊条角度。

⑦ 加强焊前清理。

第三节 气孔、夹渣与夹杂

一、气孔

如图 5-7 所示为气孔。气孔是指焊接时，熔池中的气泡在凝固时未能逸出，而残留下来形成的空穴。

根据气孔产生的部位不同，可分为内部气孔和外部气孔；根据分布的情况可分为单个气孔、链状气孔和密集气孔；根据气孔产生的原因和条件不同，其形状有球形（氢气孔）、椭圆形、旋涡状和毛虫状（一氧化碳气孔）等。

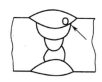

图 5-7 气孔

1. 产生气孔的根本原因

焊接过程中，焊接本身产生的气体或外部气体进入熔池，在熔池凝固前没有来得及溢出熔池而残留在焊缝中。形成气孔的气体主要来源于：

① 大气：空气湿度太大，超过 90%，水分分解，氢气、氧气侵入；收弧太快，保护不好，空气中的氮气侵入；电弧太长，空气中的氮气侵入。

② 溶解于母材、焊丝和焊条钢芯中的气体，药皮和焊剂中的水和气体。如焊条烘干温度太低、保温时间太短；焊条过期失效；氩气纯度不够，保护不良；焊条烘干温度过高，使药皮成分变质，失去保护作用；电流过大，药皮发红失效，失去保护作用，空气中的氮气侵入；焊芯锈蚀、焊丝清理不净、焊剂混入污物。

③ 焊材、母材上的油、锈、水、漆等污物，分解产生气体。

2. 操作原因引起的气孔

① 运条速度太快，气泡来不及逸出。

② 焊丝填加不均匀，空气侵入。

③ 埋弧焊时，电弧电压过高，网路电压波动过大，空气侵入。

3. 预防措施

主要从减少焊缝中气体的数量和加强气体从熔池中溢出两方面考虑。

① 严格控制焊条的烘干温度和保温时间。

② 不使用过期失效的焊材；使用符合标准要求的保护气体（氩气等）。

③ 彻底清理坡口及焊丝上的油、锈、水、漆等污物。

④ 电弧长度要适当，防止氮气侵入，碱性焊条尤其要采用短弧。

⑤ 做好接头和收弧。充分预热接头，建立好第一个熔池，使上一个收弧处的气体消除掉；收弧要慢，填满弧坑，采用"回焊法"等，使气、渣充分保护好熔池，防止氮气侵入；多层多道焊的各层各道的接头要错开，防止气孔密集（上下重合）。

⑥ 适当增加热输入量，降低焊接速度，以利气泡逸出。

二、夹渣

如图 5-8 所示为夹渣。夹渣是指焊后残留在焊缝中的非金属夹杂物。主要是由于操作原因，熔池中的熔渣来不及浮出，而存在于焊缝之中。

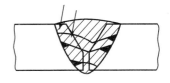

图 5-8 夹渣

产生的原因：焊接电流太小，熔渣流动性差；运条不当，熔渣流到熔池的前面；坡口角度太小，运条、清渣困难；前一层的熔渣清理不干净；接头处理不彻底。

预防措施：

① 适当调节（加大）焊接电流。

② 控制焊接速度，造成熔渣浮出条件。

③ 加强层间清渣，提高操作技能，分清铁液和焊渣，不让熔渣流到熔池前面。

三、夹杂

由焊接冶金反应产生的、焊后残留在焊缝金属中的非金属杂质（如氧化物和硫化物）称为夹杂。

产生的原因：焊条或焊剂不合适；焊接参数不合适；运条不合适；电弧太长。

预防措施：

① 选用脱氧或脱硫性能好的焊条和焊剂。

② 选用合适的焊接参数，使熔池存在时间较长，便于夹杂物浮出。

③ 运条要平稳，焊条的摆动方向要有利于夹杂物上浮。

④ 采用短弧焊。

第四节 裂 纹

焊接裂纹，按照产生的机理可分为：冷裂纹、热裂纹、再热裂纹和层状撕裂裂纹几大类。

一、冷裂纹

冷裂纹是在焊接过程中或焊后，在较低的温度下，大约在钢的马氏体转变温度（即 M_s 点）附近，或 $300\sim200℃$ 以下（或 $T<0.5T_m$，T_m 为以绝对温度表示的熔点温度）的温度区间产生的，故称冷裂纹。冷裂纹又可分为：延迟裂纹、淬火裂纹和低塑性脆化裂纹。延迟裂纹也称氢致裂纹，可以延至焊后几小时、几天、几周甚至更长的时间再发生，会造成预料不到的重大事故，所以具有重大的危险性。如图 5-9 所示为焊接接头冷裂纹分布形态示意图。

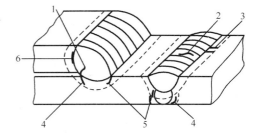

图 5-9 焊接接头冷裂纹分布形态示意图
1—焊缝纵向裂纹；2—焊缝横向裂纹；
3—热影响区横向裂纹；4—根部裂纹；
5—焊趾裂纹；6—焊道下裂纹

1. 产生的条件

① 焊接接头形成淬硬组织。由于钢的淬硬倾向较大，冷却过程中产生大量的脆、硬，而且体积很大的马氏体，形成很大的内应力。接头的硬化倾向：碳的影响是关键，含碳和铬量越多、板越厚、截面积越大、热输入量越小，硬化越严重。

② 钢材及焊缝中含扩散氢较多，氢原子在缺陷处（空穴、错位）聚积（浓集）形成氢

分子，氢分子体积较氢原子大，不能继续扩散，不断聚积，产生巨大的氢分子压力，甚至会达到几万个大气压，使焊接接头开裂。许多情况下，氢是诱发冷裂纹最活跃的因素。

③ 焊接拉应力及拘束应力较大（或应力集中），超过接头的强度极限时产生开裂。

2. 产生的原因

可分为选材和焊接工艺两个方面。

① 选材方面：母材与焊材选择匹配不当，造成悬殊的强度差异；材料中含碳、铬、钼、钒、硼等元素过高，钢的淬硬敏感性增加。

② 焊接工艺方面：焊条没有充分烘干，药皮中存在着水分（游离水和结晶水）；焊材及母材坡口上有油、锈、水、漆等；环境湿度过大（>90%）；有雨、雪污染坡口。以上的水分及有机物，在焊接电弧的作用下分解产生氢，使焊缝中溶入过饱和的氢。环境温度太低；焊接速度太快；焊接热输入太小，会使接头区域冷却过快，造成很大的内应力。焊接结构不当，产生很大的拘束应力。点焊处已产生裂纹，焊接时没有铲除掉；咬边等应力集中处引起焊趾裂纹；未焊透等应力集中处引起焊根裂纹；夹渣等应力集中处引起焊缝中裂纹。

3. 预防措施

① 正确地选材。选用碱性低氢型焊条和焊剂，减少焊缝金属中扩散氢的含量；做好母材和焊材的选择匹配；在技术条件许可的前提下，可选用韧性好的材料（如低一个强度等级的焊材），或施行"软"盖面，以减小表面残余应力；必要时，在制造前对母材和焊材进行化学分析、力学性能及可焊性、裂纹敏感性试验。

② 焊接工艺方面。

严格按照试验得出的正确工艺规范进行焊接操作。主要包括：严格地按规范进行焊条烘干；选择合适的焊接规范及热输入，合理的电流、电压、焊接速度、层间温度及正确的焊接顺序；对点焊进行检查处理；搞好双面焊的清根等；仔细清理坡口和焊丝，除去油、锈和水分。

选择合理的焊接结构，避免拘束应力过大；正确的坡口形式和焊接顺序；降低焊接残余应力的峰值。

焊前预热、焊后缓冷、控制层间温度和焊后热处理，是可焊性较差的高强度钢和不可避免的高拘束结构形式，防止冷裂纹行之有效的方法。预热和缓冷可减缓冷却速度（延长 800～500℃停留时间），改善接头的组织状态，降低淬硬倾向，减少组织应力；焊后热处理可消除焊接残余应力，减少焊缝中扩散氢的含量。在多数情况下，消除应力热处理应在焊后立即进行。

焊后立即锤击，使残余应力分散，避免造成高应力区，是局部补焊时防止冷裂纹行之有效的方法之一。

在焊缝根部和应力比较集中的焊缝表面（热影响区受到的拘束应力较低），采用强度级别较低的焊条，往往在高拘束度下取得良好的效果。

采用惰性气体保护焊，能最大地控制焊缝含氢量，降低冷裂纹敏感性，所以，应大力推广 TIG、MIG 焊接。

二、热裂纹

热裂纹是在高温下产生的，从凝固温度范围至 A_3 以上温度，所以称热裂纹，又称高温裂纹。

如果材料中存在着较多的低熔点共晶杂质元素（P、S、C 等）和较多的晶格缺陷，在焊接熔池结晶过程中，就容易出现晶界偏析，偏析出现的物质多为低熔点共晶（如：FeS-

Fe、Fe_3P-Fe、$NiS-Ni$、Ni_3P-Ni)和杂质，它们在结晶过程中，以液态间层存在，形成抗变形能力很低的液态薄膜，相应的液相存在时间增长，最后结晶凝固，而凝固后的强度也极低，当焊接拉应力足够大时，会将液态间层拉开，或在其凝固后不久被拉断形成裂纹。此外，如果母材的晶界上也存在着低熔点共晶和杂质，则在加热温度超过其熔点的热影响区，这些低熔点共晶物将熔化成液态间层，当焊接拉应力足够大时，也会被拉开而形成热影响区液化裂纹。

热裂纹都是沿奥氏体晶界开裂，呈锯齿状，所以，又称晶间裂纹。多出现在焊缝中间，特别是弧坑处，多数在焊缝柱状晶的汇合处，即焊缝凝固的最终位置，也是最容易引起低熔点共晶偏析的位置；少数出现在热影响区。焊缝中的纵向裂纹一般发生在焊道中心，与焊缝长度方向平行；横向裂纹一般沿柱状晶界发生，并与母材的晶界相连，与焊缝长度方向垂直。当裂纹贯穿表面与空气相通时，断口表面呈氧化色彩（如蓝灰色等），有的焊缝表面的宏观裂纹中充满熔渣。

1. 产生的原因

① 选材方面：材料中含硫过多，产生"热脆"；含铜过高，产生"铜脆"；含磷过高，产生"冷脆"。

② 焊接工艺方面：镍基不锈钢，焊接顺序不当或层间温度过高、热输入量过大、冷却速度太慢；坡口形式不当（焊缝成形系数≤1的窄深焊缝），单层单道焊时易产生焊缝中心偏析裂纹；弧坑保护不好，由于偏析作用，易产生弧坑热裂纹；多次返修会产生晶格缺陷聚集，形成多边化热裂纹。

2. 预防措施

① 选材方面。

限制钢材和焊材中易产生偏析的元素和有害杂质的含量，特别是 S、P、C 的含量，它们不仅形成低熔点共晶，而且还促进偏析。C≤0.10%，热裂纹敏感性可大大降低。

调节焊缝金属的化学成分，改善组织、细化晶粒，提高塑性，改变有害杂质形态和分布，减少偏析，如采用奥氏体加小于6%的铁素体的双相组织。

提高焊条和焊剂的碱度，以降低焊缝中杂质的含量，改善偏析程度。

② 焊缝工艺方面。

选择合理的坡口形式，焊缝成形系数>1，避免窄而深的"梨形"焊缝（焊接电流过大也会形成"梨形"焊缝），防止柱状晶在焊道中心汇合，产生中心偏析，形成脆断面，采用多层多道焊，打乱偏析聚集。

控制焊接规范：采用较小（适当）的焊接热输入，对于奥氏体（镍基）不锈钢，应尽量采用小的焊接热输入（不预热、不摆动或少摆动、快速焊、小电流），严格掌握层间温度，以缩短焊缝金属在高温区的停留时间。注意收弧时的保护，收弧要慢并填满弧坑，防止弧坑偏析产生热裂纹。尽量避免多次返修，防止晶格缺陷聚集产生多边化热裂纹。

三、再热裂纹

再热裂纹是指一些含有钒、铬、钼、硼等合金元素的低合金高强度钢、耐热钢的焊接接头，在加热过程中（如消除应力退火、多层多道焊及高温工作等），发生在热影响区的粗晶区，沿原奥氏体晶界开裂的裂纹，也称其为消除应力退火裂纹。

产生的原因：再热裂纹在600℃附近有一敏感区，超过650℃敏感性减弱。再热裂纹起源于焊缝热影响区的粗晶区，具有晶界断裂特征。裂纹大多数发生在应力集中的部位。

预防措施：

① 选材时应注意能引起沉淀析出的碳化物形成元素，尤其是钒的含量。必须采用高钒钢材时，焊接及热处理要特别注意。

② 热处理时避开再热敏感区，可减少再热裂纹产生的可能性，必要时热处理前做热处理工艺试验。

③ 尽量减少残余应力和应力集中，减少余高，消除咬边、未焊透等缺陷，必要时将余高和焊趾打磨圆滑；提高预热温度，焊后缓冷，降低残余应力。

④ 选择适当的焊接热输入，防止热影响区过热，晶粒粗大。

⑤ 在满足设计要求的前提下，选用低一个强度等级的焊条，让其释放一部分由热处理过程消除的应力（让应力在焊缝中松弛），对减少再热裂纹有好处。

四、层状撕裂

层状撕裂是在焊接时产生的垂直于轧制方向（板厚方向）的拉伸应力作用下，在钢板中热影响区或稍远的地方，产生"台阶"式，与母材轧制表面平行的层状开裂。

产生的原因：主要是由于钢板内存在着分层（沿轧制方向）的夹杂物（特别是硫化物），产生在T形、K形厚板的角焊接接头中。

预防措施：

① 提高钢板质量，减少钢材中层状夹杂物。

② 从结构设计和焊接工艺方面采取措施，减少板厚方向的焊接拉伸应力，可防止层状撕裂。

③ 厚板焊接前，进行板材的超声波和坡口渗透探伤，检查分层夹杂物情况，如有层状夹杂物存在，可设法避开或事先修磨处理。

第六章 焊 接 检 验

焊接检验是保证焊接产品质量的重要措施。焊接检验应该坚持以防为主，以治为辅。在焊前和焊接过程中，对影响焊接质量的因素进行认真的检查，以减少和防止焊接缺陷的出现，焊后根据产品的技术要求，对焊缝进行质量检验，确保焊接结构使用的安全可靠。

焊接检验一般包括焊前检验、焊接过程中检验和成品的焊接质量检验。

① 焊前检验包括检验焊接产品图样和焊接工艺规程等技术文件是否齐全，焊接构件金属和焊接材料的型号及材质是否符合设计或规定的要求，构件装配和坡口加工的质量是否符合图样要求，焊接设备及辅助工具是否完善，焊接材料是否按照工艺要求进行去锈、烘干等准备，以及焊工操作水平的鉴定等。

② 焊接过程中检验包括检验在焊接过程中焊接工艺参数是否正确，焊接设备运行是否正常，焊接夹具夹紧是否牢固，在操作过程中可能出现的焊接缺陷等。焊接过程中检验主要在整个操作过程中完成。

③ 成品的焊接质量检验方法很多，应根据产品的使用要求和图样的技术条件选择。可分为非破坏性检验和破坏性检验两大类。

第一节 非破坏性检验

非破坏性检验是指在不损坏被检验材料或成品的性能、完整性的条件下进行检测缺陷的方法，包括外观检验、密封性检验和无损探伤检验。

无损探伤不损坏被检查材料或成品的性能和完整性。常用的无损检验方法有超声波、射线（X，γ）照相、磁粉、渗透（荧光、着色）等。

超声波探伤和射线探伤适于焊缝内部缺陷的检测；磁粉探伤和渗透探伤则用于焊缝表面质量检验。每一种无损探伤方法均有其优点和局限性，各种方法对缺陷的检出概率既不会有100%，也不会完全相同。因而应根据焊缝材质、结构及探伤方法的特点、验收标准等进行选择。

一、外观检验

外观检验是一种常用的检验方法。以肉眼观察为主，必要时利用放大镜、焊缝万能量规及样板等对焊缝外观尺寸、焊缝表面质量进行全面检查。

外观检验主要是为了发现焊接接头的表面缺陷，如焊缝的表面气孔、咬边、焊瘤、烧穿及焊接表面裂纹、焊缝尺寸偏差等。

检验前必须将焊缝附近 10~20mm 内的飞溅物和污物清除干净。

二、密封性检验

对于各种储藏、压力容器、锅炉、管道等受压元件，标准规定必须进行焊缝密封性检验以及受压元件的强度试验。密封性试验通常采用水压、气压、煤油检验和氨气渗透等方法。受压元件的强度试验则采用水压试验。

1. 水压试验

水压试验用来检验焊接容器的密封性，也可检验受压元件的强度和焊缝强度。

受压元件的水压试验应在无损探伤和热处理后进行。当环境温度低于5℃时，必须人工加温维持水温在5℃以上方可进行水压试验。

试验时，容器内灌满水，彻底排除空气，用水压机加压，压力的大小可按产品的工作性质而定，一般为工作压力的1.25～1.5倍，试验压力应按规定逐级上升，在高压下持续规定的时间（一般为10～15min）以后，再将压力降至工作压力，并沿焊缝边缘1.5～20mm的地方用0.4～0.5kg重的圆头小锤轻轻敲击，仔细检查焊缝。

当发现焊缝有水珠、细水流或潮湿时就表示该焊缝不密封。及时将该位置标记出来，这样的产品为不合格，应返修处理。如果产品在压力下关闭了所有进出水的阀门，其压力值保持不变，亦未发现缺陷，则该产品评为合格。

2. 气压试验

气压试验只能用来进行检验焊缝密封性，不能检验受压元件的强度。这种试验由于升压迅速，容器内大量蓄能，有发生爆炸的可能性，是很不安全的，必须遵守相应的安全技术措施，避免发生事故。气压试验近年来多用于低压管道焊缝的密封性检查，常用的气压试验有以下三种方法。

① 充气检查：在受压元件内部充压缩空气，在受压元件受检部位涂上肥皂水，如果有气泡出现，说明该处受压元件焊缝的密封性不好，应予以返修。

② 沉水试验：将受压元件沉入水中，其内部充压缩空气，观察水中有无气泡产生，如有气泡出现，说明受压元件的焊缝不密封，有泄漏，应予以返修。

③ 氨气检查：此种方法准确、效率高，适于环境温度时焊缝密封性检查以及大型容器等的检查。其方法是：在受压元件内部充混有体积分数为1%氨气的压缩空气，压缩空气的压力至少为500kPa，将在质量分数为5%的硝酸汞水溶液中浸泡过的纸条或绷带贴在焊缝外部，5min后检查如果有泄漏，在纸条或绷带的相应部位将呈现黑色斑纹，需进行返修处理。

3. 煤油渗漏检验

煤油渗漏检验是检验密封性的一种简便方法，用于检查非受压焊缝，适合于低压薄壁的敞口容器，其简单的试验过程如下：

试验时在焊缝的一面涂上石灰水或白垩粉，干燥后在焊缝的另一面涂上煤油，利用煤油表面张力小，能穿透极小孔及缝隙的能力，当焊缝不致密、有缝隙时，煤油便会渗透过来，在涂有石灰水或白垩粉的焊缝上留下油迹。为判断缺陷的大小和位置，在涂上煤油后应立即观察，最初出现油迹即为缺陷的位置及大小，一般观察时间为15～30min。在规定的时间内不出现油痕即认为焊缝合格。

这种方法对于对接接头最适宜，而对于搭接接头除试验有一定困难外，因为搭接处的煤油不易清理干净，修补时，容易引起火灾，故一般很少采用。

三、渗透探伤

渗透探伤是检查焊件或材料表面缺陷的一种方法，它不受材料磁性的限制，比磁粉探伤的应用范围更加广泛。除多孔材料外，几乎一切材料的表面缺陷都可以采用此法，获得满意的结果，但操作工序比较繁杂。

1. 着色法探伤

利用某些渗透性很强的有色油液（渗透液）渗入焊件表面缺陷中，停留一段时间，除去焊件表面的油液后，涂上吸附性很强的显像剂，将渗入到裂纹中的有色油液吸出来，在显像剂上显示出彩色的缺陷图像，根据图像的情况，判断缺陷的位置和大小。

2. 荧光探伤

荧光探伤（图 6-1）是利用紫外线照射某种荧光物质而产生荧光的特性，来检查焊件的表面缺陷。荧光探伤是先将焊件涂上渗透性很强的荧光油液，停留5～10min，除去多余的荧光油渣，然后在探伤面上撒上一层氧化镁粉末。这样，在缺陷外的氧化镁被荧光油渗透，并有一部分渗入缺陷中去，然后把多余的氧化镁粉末吹掉，在暗室中用紫外线照射焊件。在紫外线的照射下，留在缺陷处的荧光物质发出荧光，以此来判断缺陷的位置和大小。

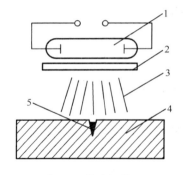

图 6-1　荧光探伤
1—紫外线光源；2—滤光板；
3—紫外线；4—被检验焊件；
5—充满荧光粉的缺陷

四、磁力探伤

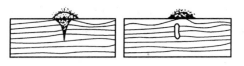

图 6-2　焊缝中有缺陷时产生漏磁现象

磁力探伤是通过对铁磁材料进行磁化所产生的漏磁场，来发现其表面或近表面缺陷的无损检验法。如图 6-2 所示为焊缝中有缺陷时产生漏磁现象。

铁磁性材料在磁场中被磁化时，如果材料没有缺陷，那么磁场是均匀的，磁力线均匀分布，当有缺陷（如裂纹、未焊透、夹渣）时，材料表面和近表面的缺陷或组织状态变化会使局部导磁率发生变化，即磁阻增大，从而使磁路中的磁通相应发生畸变：一部分磁通直接穿越缺陷，一部分磁通在材料内部绕过缺陷，还有一部分磁通会离开材料表面，通过空气绕过缺陷再重新进入材料，因此在材料表面形成了漏磁场。一般来说，表面裂纹越深，漏磁通越出材料表面的幅度越高，它们之间基本上呈线性关系。

如图 6-3 所示为磁粉检验时焊缝缺陷的显露。

磁力探伤是针对材料近表面的缺陷进行检测的，只适于磁性材料，它对裂纹、未焊透比较灵敏，但对气孔、夹渣则不太灵敏。磁粉探伤只能发现磁性材料表面及近表面缺陷，对于隐藏深处的缺陷不易发现。磁粉探伤只适用于磁性材料，对非磁性材料例如有色金属及不锈钢不能采用。

五、射线探伤

利用射线（X 射线、γ 射线、中子射线等）穿过材料或工件时的强度衰减，检测其内部结构不连续性的技术称为射线探伤。穿过材料或工件的射线由于强度不同，感光程度也不同，由此生成内部不连续的图像。射线检测通常根据内部结构显示方法的不同分为：射线照相法、荧光屏法（发展为工业电视）、干板照相法、层析摄影（工业 CT）技术、数字显示技术等。

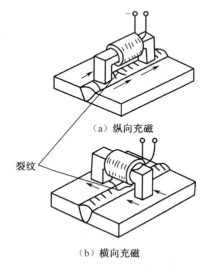

（a）纵向充磁

裂纹

（b）横向充磁

图 6-3　磁粉检验时焊缝缺陷的显露

1. 射线

可分为 X 射线、γ 射线和高能射线 3 种。

X 射线来自 X 射线管（为高真空二极管），是高速电子撞击到阳极金属靶时产生的。

射线 γ 是放射性元素［工业探伤中常用的是人工放射性同位素钴（Co60）、铱（Ir192）

和铈（Ce137）]的原子核裂变时产生的。如图6-4所示为小直径容器环缝γ射线照相法。

高能射线是指能量在10^6eV以上的X射线，由电子感应加速器、高能直线加速器或电子回旋加速器产生的。射线与探伤有关主要特性如下：

① 人眼不可见，射线直线传播。

② 不受电场和磁场的影响，其本质是不带电的。

③ 能透过可见光所不能透过的物质，包括金属材料。

④ 能使某些物质起光化学作用，使胶片感光，使某些物质发生荧光作用。

⑤ 能被物质的原子吸收和散射，从而在穿透物质的过程中发生衰减现象。

⑥ 对有机体产生生理作用，伤害及杀死有生命的细胞。

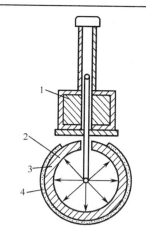

图6-4 小直径容器环缝γ射线照相法
1—探伤器；2—放射源；
3—容器壳体；4—胶片

2. 工作原理

射线探伤的实质是根据工件与其内部缺陷介质对射线能量衰减程度不同，而引起射线透射过工件后的强度差异，使缺陷能在射线底片或X光电视屏幕上显示出来。对于不同的缺陷，由于衰减系数不同，所以透过射线强度不同，在底片或X光机上所产生的影像也不同，因此，可以根据影像的不同确定缺陷的类型。

① 缺陷部位通过射线的强度大于周围完好部位。例如，钢焊缝中的气孔、夹渣等缺陷就属于这种情况，射线底片缺陷呈黑色影像，X光电视屏幕上呈灰白色影像。

② 缺陷部位透过射线的强度小于周围完好部位。例如，钢焊缝中的夹钨就属于这种情况，射线底片上缺陷呈白色块状影像，X光电视屏幕上呈黑色块状影像。缺陷部位与周围完好部位透过的射线强度无差异，则在射线底片上或X光电视屏幕上，缺陷将得不到显示。如图6-5所示为X射线照相探伤法原理。

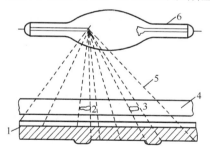

图6-5 X射线照相探伤法原理
1—底片；2、3—焊缝缺陷；4—焊件；
5—X射线；6—X射线管

3. 评定标准

射线探伤质量检验标准GB 3323—1987中，根据缺陷性质和数量将焊缝质量分为4级。

Ⅰ级：不允许有裂纹、未熔合、未焊透和条状夹渣等缺陷存在。

Ⅱ级：不允许有裂纹、未熔合和未焊透等缺陷存在。

Ⅲ级：不允许有裂纹、未熔合、双面焊或加垫板的单面焊缝中的未焊透及不加垫板的单面焊中的未焊透存在。

Ⅳ级：焊缝缺陷超过Ⅲ级者。

可以看出，Ⅰ级焊缝缺陷最少，质量最高。Ⅱ级、Ⅲ级、Ⅳ级焊缝的内部缺陷依次增多，质量逐渐下降。

4. 射线探伤的应用范围及优缺点

射线照相检测适用于铸件、焊缝以及小而薄且形状复杂的锻件、电子组件、非金属、固体燃料、复合材料等探测内部缺陷及组织结构的变化、试件几何形状、结构及密度的变化等。

优点：有永久性的比较直观的记录结果（照相底片），对试件表面光洁度要求不高，对试件中的密度变化敏感（适宜探测体积型缺陷）。

缺点：X射线检测设备价格较高，而且在检测过程中需要消耗大量的照相胶片和处理药品等，并需要较多的辅助器材（暗室设备、洗片机、干燥机、评片灯以及现场拍片的辅助工具等），从而使得检测成本较高。此外，在照相底片上不能反映缺陷的深度位置或高度尺寸（得到的是平面投影图像，二维图像），并且缺陷取向与射线投射方向有密切关系而影响检测的可靠性，特别是对于面积型缺陷（例如裂纹），其灵敏度不如超声波检测。进行射线照相检测操作的人员需要经过一定的培训。特别要注意的是，射线照相检测有辐射危害，因此对其防护及操作人员的劳动防护、健康等都必须高度重视，不能掉以轻心。

六、超声波探伤

超声波探伤是利用超声波（频率大于20 kHz）在物体中的传播、反射和衰减等物理特性，通过对超声波受影响程度和状况的探测来发现缺陷的一种探伤方法。

① 超声波的发生。超声波可借助磁致伸缩法或电致伸缩法产生。

在工业探伤设备中，都采用电致伸缩法。在超声波检测技术中，用以产生和接收超声波的方法最主要利用的是某些晶体的压电效应，即压电晶体（例如石英晶体、钛酸钡及锆钛酸铅等压电陶瓷）。超声波探伤仪的探头就是采用这些材料制成的。

② 超声波的发射和接收。

压电晶体在外力作用下发生变形时，将有电极化现象产生，即其电荷分布将发生变化（正压电效应）；反之，当向压电晶体施加电荷时，压电晶体将会发生应变，即弹性变形（逆压电效应）。因此，当高频电压加于晶片两面电极上时，由于逆压电效应，晶片会在厚度方向产生伸缩变形的机械振动。当晶片与工件表面有良好的耦合时，机械振动就以超声波形式传播出去，这就是发射。反之，当晶片受到超声波作用而发生伸缩变位时，正压电效应又会使晶片两表面产生不同极性电荷，形成超声频率的高频电压，这就是接收。

③ 超声波探伤基本原理。

超声波探伤的基本原理是利用超声波探伤仪的高频脉冲电路产生高频脉冲振荡电流加到超声换能器（探头）中的压电晶体上，激发出超声波并传入被检工件，超声波在被检工件中传播时，若在声路（超声波的传播路径）上遇到缺陷（异质），将会在界面上产生反射，反射回波被探头接收转换成高频脉冲电信号输入探伤仪的接收放大电路，经过处理后在探伤仪的显示屏上显示出来，由此判断缺陷的有无，并进行定位、定量和评定。

④ 主要焊接缺陷的波形特征。如图6-6所示为缺陷波的特征。

气孔：气孔一般为球形，反射面较小，在荧光屏上单纯出现一个尖波，波形比较单纯，密集气孔则出现数个缺陷波。

裂纹：裂纹反射面较气孔大，并较为曲折，在荧光屏上往往出现锯齿较多的光波。

夹渣：夹渣本身形状不规则，表面粗糙。波形由一串高低不平的小波合并而成，波的根部较宽。

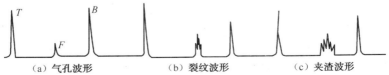

(a) 气孔波形　　　　　(b) 裂纹波形　　　　　(c) 夹渣波形

图6-6　缺陷波的特征

⑤ 超声波探伤仪主要由下列四部分组成：高频发生器，产生高频脉冲电压；换能器，即探头，收发超声波；放大器，放大接收的电信号；显示器，即示波管，显示放大后的电信号。

如图 6-7 所示为超声波探头结构示意图。如图 6-8 所示为超声波探伤仪。

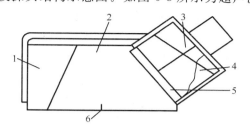

图 6-7 超声波探头结构示意图

1—吸收块；2—有机玻璃透声楔块；3—探头引线 4—阻尼块；5—压电晶片；6—声波入射点

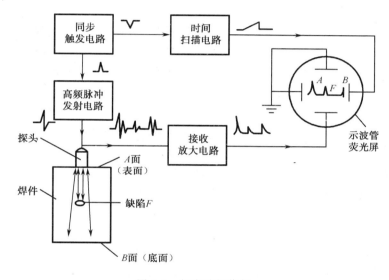

图 6-8 超声波探伤仪

⑥ 在超声波探伤仪的技术参数中，对探伤效果影响较大的有：探伤频率、增益与衰减、脉冲参数和频带宽度。

探伤频率：由于声波存在绕射现象，最高探伤灵敏度约为 1/2 波长。提高探伤频率，会使脉冲宽度变窄，波束直径缩小，分辨率增高，有利于发现微小缺陷。但衰减随之增大，不利于检测大厚度、粗晶粒的材料。因此对于不同的钢材，应选用与其相配的探伤频率。例如对于碳钢和低合金钢焊缝，适用的探伤频率为 1～5MHz，而不锈钢焊缝适用的探伤频率为 0.5～1.8MHz。

增益与衰减：增益量是决定探伤仪灵敏度的主要参数。超声波探伤仪的增益量通常在 100～120dB。可调节范围为 80～110dB。增益量愈高，探伤仪的适用范围愈大，灵敏度愈高。探伤仪增益量读数分档愈细，测量精度愈高。最细的刻度分档为 0.1～2dB。

脉冲参数：超声波探伤仪的脉冲参数包括脉冲发射电压、脉冲宽度和脉冲升起时间等。脉冲发射电压越高，声波的强度越大，探测深度越大。脉冲发射电压一般在 100～400V，可探测的最大焊缝厚度达 350mm。脉冲宽度（脉冲时间）越窄，缺陷的分辨能力越高，通常在 20～1000ms。脉冲升起时间越短，缺陷位置的测量精度越高。升起时间应小于 1.5ms。

频带宽度：超声波探伤仪的频带宽度越大，阻塞时间越短，工件上下表面探伤盲区则越小，薄板焊缝探伤时的分辨率越高。现有探伤仪的频带宽度最大可达 15～30MHz，其最小的探测盲区为 1.2～2mm。

⑦ 缺陷反射波评定原则

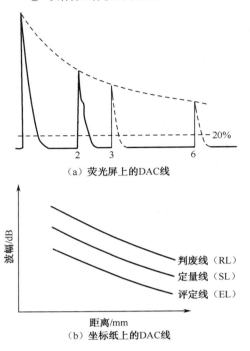

(a) 荧光屏上的DAC线

(b) 坐标纸上的DAC线

图 6-9　超声波探伤缺陷反射波距离-波幅曲线

焊缝超声波探伤时，对缺陷反射波幅度的正确评定是十分重要的，而且这与超声波探伤的灵敏度直接有关。通常，超声波探伤的灵敏度是以发现同厚度、同材质对比试块上规定尺寸的人工缺陷来衡量的。常用的人工缺陷有长横孔、平底孔和短横孔。对于不同的检验级别，可以取 3mm 孔反射波幅度的特定百分数，如 16%、20% 等规定探伤的灵敏度。此外，超声波探伤的灵敏度是相当高的，可以发现很细小的焊缝缺陷。但实际上不是所有的焊缝缺陷都在判废之列，因此必须制订一个实用而合理的判废标准。如图 6-9 所示为超声波探伤缺陷反射波距离-波幅曲线。

有关国家标准和行业标准，对超声波探伤的灵敏度都规定了一个起始界限值和三档评定等级，即评定线、定量线和判废线三级，当缺陷反射波幅度超过评定线时，才予以评定（判定缺陷性质），超过定量线时，应测量其长度，超过判废线时，则判为不合格。在超声波探伤过程中，探头的移动速度不应大于 150mm/s。相邻探头移动区域至少重叠 10% 探头宽度。为扩大声束在水平方向的扫描宽度，探头移动过程中还应作 10°～15°转动。

⑧ 超声波探伤程序。焊缝超声波探伤可分探伤前准备、探伤仪调整和探伤操作三个阶段。在每个阶段又可分若干工作步骤。对于焊缝超声波探伤来说，探伤前的准备工作是十分重要的，它在很大程度上决定了探伤的质量。超声波探伤人员应清楚了解受检焊件的材质、接头形式、壁厚、坡口形式及尺寸、产品无损探伤合格标准等原始资料。

表 6-1 为焊缝超声波探伤工作程序。

表 6-1　焊缝超声波探伤工作程序

阶　段	序　号	操　作　内　容
探伤准备阶段	1	接受检验委托书
	2	查明焊件有关原始资料
	3	选定探伤方法、探伤仪、探头
	4	准备标准试块或对比试块
调整阶段	5	校正探伤仪，包括校正入射角、调整测定范围、校正折射角
	6	按所要求的检验级别，验证距离波幅校正曲线
	7	调整探伤仪灵敏度
探伤操作阶段	8	修正操作
	9	初探伤

续表

阶　　段	序　　号	操　作　内　容
探伤操作阶段	10	标出缺陷位置
	11	复探伤
	12	评定缺陷等级
	13	综合评定
	14	出检验报告
	15	存档

第二节　破坏性检验

破坏性检验是从焊件或试件上切取试样，或以产品的整体做破坏试验，以检查焊缝的力学、化学性能的检验方法。它主要用于新产品的开发和焊接工艺的评定等。

一、拉伸试验

拉伸试验可以用来测定接头或焊缝金属的抗拉强度、屈服极限、断面收缩率和伸长率等力学性能指标。

拉伸试验的评定标准是接头的常温抗拉强度与高温强度均应不低于母材标准规定值的下限。

焊接接头的拉伸试验应按 GB/T 2651—1989《焊接接头拉伸试验方法》进行，焊缝金属的拉伸试验应按 GB/T 2652—1989《焊缝及熔敷金属拉伸试验方法》进行。

二、弯曲试验

弯曲试验可以用来测定焊接接头或焊缝金属的塑性变形能力。

弯曲试样也有纵、横之分，一般用横向试样，其形状尺寸国标也有规定。由于焊缝与母材强度不等，弯曲时塑性变形必然集中于低强区，因此对强度差别较大的异种钢接头，应采用纵向试样。焊缝金属的弯曲试样通常采用纵向试样。按弯曲试样的受拉面在焊缝隙中的位置可分为面弯、背弯和侧弯。面弯与背弯时，受拉面分别在焊缝的表面层和底层，侧弯则是焊缝的横截面受弯，故可测定整个接头的塑性变形能力。

弯曲试验结果的合格标准，国内是按钢种的弯曲角度下限来判别的。如碳钢、奥氏体钢是 180°，低合金高强钢和奥氏体不锈钢为 100°。试样弯至上列角度后，其受拉面上如有长度大于 1.5 mm 的横向裂纹或缺陷，或者有大于 3mm 的纵向裂纹或缺陷，就认为不合格。

焊接接头的弯曲试验应按 GB/T 2653—1989《焊接接头弯曲及压扁试验方法》进行。

三、冲击试验

冲击试验可以测定焊接接头各区的缺口韧性，从而检验接头的抗脆性断裂能力。

冲击韧性试验对压力容器是必不可少的，分为常温和低温冲击试验两种。如果没有明确规定，一般取横向试样，试样的缺口位置可开在焊缝、熔合区和热影响区。缺口形式有 U 形和 V 形两种，U 形缺口无法真实模拟焊接缺陷中可能出现的尖端，故不能反映接头的实际脆性转变温度。目前倾向采用夏比 V 形缺口的冲击试验。

焊接接头各区的缺口冲击吸收功应不低于母材标准规定的最低值。

焊接接头冲击试验有关规定应按 GB/T 2650—1989《焊接接头冲击试验方法》进行。

四、硬度试验

一般产品不要求做硬度试验，只有抗氢钢制造的容器因为钢淬硬倾向大，技术条件中规定其焊接试板应做硬度试验。

五、疲劳试验

疲劳实验用来测定焊接接头在交变载荷作用下的强度，它常以在一定交变载荷作用下，断裂时的应力和循环次数来表示。疲劳强度试验根据受力不同，可分为拉压疲劳、弯曲疲劳和冲击疲劳试验等。

评定焊缝金属和焊接接头的疲劳强度时，应按 GB/T 2656—1981《焊缝金属和焊接接头的疲劳试验法》、GB/T13816—1992《焊接接头脉动拉伸疲劳试验》等进行。

六、化学分析试验

焊缝化学分析的目的是检查焊缝金属的化学成分。通常只有在接头力学性能及无损探伤不合格或制定焊接新工艺时才需要进行化学分析。

一般采用直径 6mm 左右的钻头从焊缝中钻取样品，也可在堆焊金属上钻取。取样区应离起弧、收弧处 15mm 以上，且与母材之间的距离要大于 5mm。化学分析所用细屑厚度应小于 1.5mm，屑末中不得有油、锈等污物，并用乙醚洗净。试样钻取数量视所分析元素的数目而定。分析 C、Mn、Si、S、P 五大元素，取屑量不少于 30g，若还需分析其他元素，取屑量则不能少于 50g。

七、腐蚀试验

腐蚀试验的目的是确定在给定条件下金属抗腐蚀的能力，估计产品的使用寿命，分析腐蚀原因，找出防止和延缓腐蚀的措施。

第二篇　手工电弧焊

第七章　手工电弧焊设备

焊条电弧焊是最常用的熔化焊方法之一。焊接工作原理如图7-1所示。

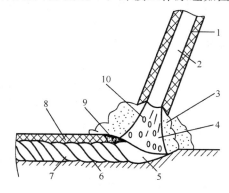

图 7-1　焊条电弧焊工作原理示意图

1—药皮；2—焊芯；3—保护气体；4—电弧；5—熔池；6—母材；7—焊缝；8—渣壳；9—熔渣；10—熔滴

在焊条末端和焊件之间燃烧的电弧所产生的高温使药皮、焊芯及焊件熔化，药皮熔化过程中产生的气体和熔渣，不仅使熔池和电弧周围的空气隔绝，而且和熔化了的焊芯、母材发生一系列冶金反应，使熔池金属冷却结晶后形成符合要求的焊缝。

第一节　弧焊电源

弧焊电源是弧焊机的核心部分，是向焊接电弧提供电能的一种专用设备。弧焊电源型号是根据《电焊机型号编制方法》制定的，电焊机包括电弧焊机、电阻焊机、电渣焊机、电子束焊机、激光焊机等。这里仅对与常见弧焊电源有直接关系的电弧焊机型号编制方法作以介绍。根据 GB10249—1988《电焊机型号编制方法》介绍如下。

一、弧焊电源型号编制方法

① 电焊机型号代表字母及序号见表7-1。

② 产品型号由汉语拼音字母及阿拉伯数字组成。

③ 产品型号的编排：

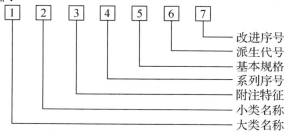

a. 型号中1、2、3、6各项用汉语拼音字母表示。

b. 型号中4、5、7各项用阿拉伯数字表示。

c. 型号中3、4、6、7项如不用时，其他各项紧排。

d. 附注特征和系列序号用于区别同小类的各系列和品种，包括通用和专用产品。

e. 派生代号以汉语拼音字母的顺序编排。

f. 改进序号按生产改进次序用阿拉伯数字连续编号。

g. 特殊环境用的产品在末尾加注，见表7-2。

h. 可同时兼作两大类焊机使用时，其大类名称的代表字母按主要用途选取。

i. 编制型号举例：

自动横臂式脉冲熔化极氩气及混合气体保护焊机，额定焊接电流400A。

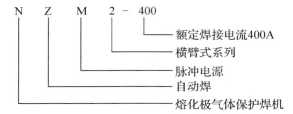

表 7-1   电焊机型号代表字母及序号

序号	第一字位		第二字位		第三字位		第四字位		第五字位	
	代表字母	大类名称	代表字母	小类名称	代表字母	附注特征	数字序号	特征	单位	基本规格
2	Z	弧焊整流器	X	下降特性	省略	一般电源	省略	磁放大器或饱和电抗器式	A	额定焊接电流
					M	脉冲电源	1	动铁芯式		
							2	磁放大器或饱和电抗器式		
			P	平特性	L	高空载电压	3	动线圈式		
							4	晶体管式		
							5	晶闸管式		
			D	多特性	E	交直流两用电源	6	变换抽头式		
							7	变频式		
3	B	弧焊变压器	X	下降特性	L	高空载电压	省略	磁放大器或饱和电抗器式		
			P	平特性			1	动铁芯式		
							2	串联电抗器式		
							3	动线圈式		
							5	晶闸管式		
							6	变换抽头式		
4	M	埋弧焊机	Z	自动焊	省略	直流	省略	焊车式		
			B	半自动焊	J	交流	1	焊车式		
			U	堆焊	E	交直流	2	横臂式		
					M	脉冲	3	机床式		
			D	多用			9	焊头悬挂式		

续表

序号	第一字位		第二字位		第三字位		第四字位		第五字位	
	代表字母	大类名称	代表字母	小类名称	代表字母	附注特征	数字序号	系列序号	单位	基本规格
5	W	TIG焊机	Z	自动焊	省略	直流	省略	焊车式		
			S	手工焊	J	交流	1	全位置焊车式		
			D	点焊	E	交直流	2	横臂式		
							3	机床式		
							4	旋转焊头式		
			Q	其他	M	脉冲	5	台式		
							6	焊接机器人		
							7	变位式		
							8	真空充气式		
6	N	MIG/MAG焊机	Z	自动焊	省略	氩气及混合气体保护焊直流	省略	焊车式	A	额定焊接电流
			B	半自动焊			1	全位置焊车式		
			D	点焊	M	氩气及混合气体保护焊脉冲	2	横臂式		
			U	堆焊			3	机床式		
							4	旋转焊头式		
					C	二氧化碳保护焊	5	台式		
							6	焊接机器人		
			G	切割			7	变位式		
12	L	等离子弧焊机和切割机	C	切割	省略	直流等离子	省略	焊车式		
					R	熔化极等离子	1	全位置焊车式		
			H	焊接	M	脉冲等离子	2	横臂式		
					J	交流等离子	3	机床式		
			U	堆焊	S	水下等离子	4	旋转焊头式		
					F	粉末等离子	5	台式		
					E	热丝等离子				
			D	多用	K	空气等离子				

表7-2 特殊环境名称代表字母

特殊环境名称	代表字母
热带	T
湿热带	TH
干热带	TA
高原	G

二、对弧焊电源空载电压的要求

弧焊电源的空载电压是指弧焊电源处于非负载状态时的端电压，用 U_0 表示，弧焊电源空载电压的确定应遵循以下几项原则。

1. 保证容易引弧

引弧时焊条（或焊丝）和工件接触，两者的表面往往有油污等其他杂质，需要较高的空载电压才能将高电阻的接触面击穿，形成导电通路。其次，引弧时两极间隙的气体的电离和焊件金属表面电子发射均需要较强的电场，因此空载电压越高，引弧越容易。

2. 保证电弧稳定燃烧

为确保交流电弧的稳定燃烧，要求 $U_0 \geqslant$（1.8～2.25）U_h。U_h 为弧焊电源焊接时电弧电压。

3. 保证人身安全

弧焊电源的空载电压越高，对操作者的安全越不利，容易造成电击事故。因此，从保证焊接操作者的人身安全考虑，U_0 不宜太高。

综合考虑上述因素，一般对弧焊电源空载电压的规定如下：

弧焊变压器　　$U_0 \leqslant 80\text{V}$；

弧焊整流器　　$U_0 \leqslant 85\text{V}$。

一般规定 U_0 不得超过 100V，在特殊用途中，若超过 100V 时必须备有防触电装置。

三、对弧焊电源外特性的要求

弧焊电源和焊接电弧是一个供电与用电系统。在稳定状态下，弧焊电源的输出电压和输出电流之间的关系，称为弧焊电源的外特性，或弧焊电源的伏安特性，其数学函数式为 $U_y = f(I_y)$。

1. "电源-电弧"系统的稳定条件

在焊接过程中，弧焊电源是焊接电弧能量的提供者，焊接电弧是弧焊电源能量的使用者，弧焊电源和焊接电弧组成"电源-电弧"系统，如图 7-2 所示。"电源-电弧"系统的稳定条件包括两个方面，即系统的静态稳定条件和系统的动态稳定条件。

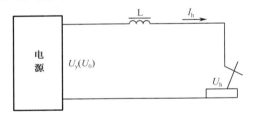

图 7-2　"电源-电弧"系统电路示意图

（1）系统的静态稳定条件

弧焊电源外特性和焊接电弧静特性都表示电压和电流之间的关系，如图 7-3 所示。从图上可以看出，在无外界因素干扰时，要保持"电源-电弧"系统的静态平衡，电源提供的能量必须等于电弧所需要的能量，即电源外特性曲线 1 和电弧静特性曲线 2 必须能够相交，如图 7-3 所示，相交于 A_0、A_1 点。即：$U_y = U_h$，$I_y = I_h$。式中，U_y、U_h 是稳定燃烧状态下电源电压和电弧电压；I_y、U_h 是稳定燃烧状态下电源电流和焊接电流。

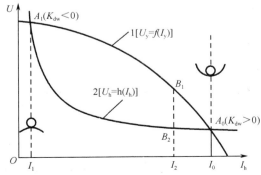

图 7-3　"电源-电弧"系统稳定性分析

（2）系统的动态稳定条件

在实际焊接过程中，由于操作的不稳定、工件表面的不平整或电网电压的波动等外界干扰，会产生工作点的偏移，使系统的供求平衡状态遭到破坏。由图 7-3 可以看出，如系统在 A_1 点工作，当焊接电流增加时，出现供大于求的情况，会使焊接电流继续增大，即不能回到工作点 A_1，如果焊接电流减小，则出现相反的情况，使焊接电流继续减小，直至电弧熄灭。因此 A_1 不是稳定的工作点；同理，如果系统在 A_0 点工作，当由于外界因素的干扰偏离 A_0 点时，都能使系统自动恢复到平衡点 A_0。以上分析说明 A_0 点是稳定的工作点，A_1 点不是稳定的工作点。系统的动态稳定条件，即电弧静特性曲线在工作点处的斜率必须大于电源外特性曲线在该工作点处的斜率。其数学表达式如下：

$$K_{dw} = \frac{dU_h}{dI_h} - \frac{dU_y}{dI_y} > 0$$

式中，K_{dw} 为动态稳定系数。

2. 弧焊电源外特性曲线的形状及选择

弧焊电源的外特性一般为下降特性和平特性两大类，如图 7-4 所示。

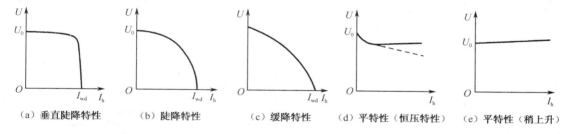

（a）垂直陡降特性　　（b）陡降特性　　（c）缓降特性　　（d）平特性（恒压特性）　　（e）平特性（稍上升）

图 7-4　弧焊电源的几种外特性曲线

（1）焊条电弧焊

焊条电弧焊一般工作在电弧静特性的水平段。图 7-5 中曲线 1 和曲线 2 是陡降度不同的两条电源外特性曲线。弧长从 l_1 增至 l_2 时，电弧静特性曲线与下降陡降度大的电源外特性曲线 1 的交点 A_0 移至 A_1，电弧电流偏移了 ΔI_1，而与下降陡降度小的电源外特性曲线 2 的交点由 A_0 移至 A_2，电流偏差为 ΔI_2，显然 $\Delta I_2 > \Delta I_1$。当弧长减小时，情况类同。由此可见，当弧长变化时，电源外特性下降的陡降度越大，则电流偏差就越小，焊接电弧和工艺参数稳定。但外特性陡降度过大时，稳态短路电流 I_{wd} 过小，影响引弧和熔滴过渡；陡降度过小的电源，其稳态短路电流

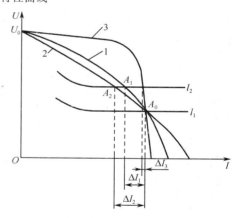

图 7-5　弧长变化时引起的电流偏移

I_{wd} 又过大，焊接时产生的飞溅大，电弧不够稳定。因此，陡降度过大和过小的电源均不适合焊条电弧焊，故规定弧焊电源的外特性应满足下式：

$$1.25 < \frac{I_{wd}}{I_h} < 2$$

综上所述，焊条电弧焊电源采用下降外特性的弧焊电源，就可满足系统稳定性的要求。最好是采用恒流带外拖特性的弧焊电源，如图 7-6 所示。它既可体现恒流特性焊接工艺参数稳定的特点，又通过外拖增大短路电流，提高了引弧性能和电弧熔透能力。

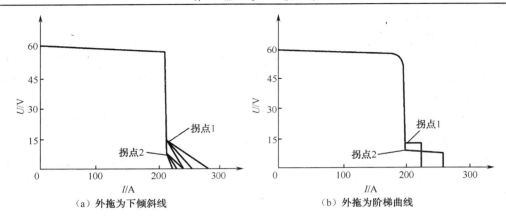

图 7-6　电源恒流带外拖特性曲线示意图

（2）熔化极电弧焊

熔化极电弧焊包括埋弧焊、熔化极氩弧焊（MIG）、CO_2 气体保护焊和含有活性气体的混合气体保护焊（MAG）等。在选择合适的电源外特性工作部分的形状时，既要根据其电弧静特性的形状，又要考虑送丝方式。根据送丝方式不同，熔化极电弧焊可分为以下两种。

① 等速送丝式熔化极电弧焊　CO_2、MAG、MIG 焊或细丝（直径 $\phi \leqslant 3\text{mm}$）的直流埋弧自动焊，电弧静特性均是上升的。电源外特性为下降、平、微升（但上升陡度需小于电弧静特性上升的陡度），都可以满足"电源-电弧"系统稳定条件。电弧自身的调节作用较强，焊接过程稳定，是靠弧长变化时引起焊接电流和焊丝熔化速度的变化来实现的。弧长变化时，如果引起的电流偏移越大，则电弧自身调节作用就越强，焊接工艺参数恢复得就越快。

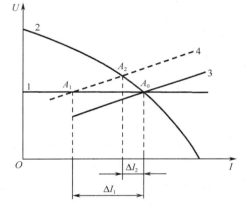

图 7-7　电弧静特性为上升形状时，电源外特性对电流偏差的影响

如图 7-7 所示，曲线 1 和曲线 2 各为近于平的和下降的电源外特性，曲线 3 为某一定弧长时的电弧静特性。当弧长发生变化时，具有平特性的电源（曲线 1）所引起的电流偏移量 ΔI_1 大于下降特性的电源（曲线 2）引起的电流偏移量 ΔI_2，表明前者的弧长恢复得快，其自身调节作用较强。因此当电流密度较大，电弧静特性为上升阶段时，应尽可能选择平外特性的电源，使其自身调节作用足够强烈，焊接工艺参数稳定。

② 变速送丝式熔化极弧焊　通常的埋弧焊（焊丝直径大于 3mm）和一部分 MIG 焊，它们的电弧静特性是平的，为了满足 $K_{dw} > 0$，只能选择下降外特性的电源。因为这类焊接方法的电流密度较小，自身调节作用不强，不能在弧长变化时维持焊接工艺参数稳定，应该采用变速送丝控制系统（也称电弧电压反馈自动调节系统），即利用电弧电压作为反馈量来调节送丝速度。当弧长增加时，电弧电压增大，电压反馈迫使送丝速度加快，使弧长得以恢复；当弧长减小时，电弧电压减小，电压反馈迫使送丝速度减慢，使弧长得以恢复。显然，陡降度较大的外特性电源，在弧长或电网电压变化时所引起的电弧电压变化较大，电弧均匀调节的作用也较强。因此，在电弧电压反馈自动调节系统中应采用具有陡降外特性曲线的电源，这样电流偏差较小，有利于焊接工艺参数的稳定。

3．非熔化极电弧焊

包括钨极氩弧焊（TIG）、等离子弧焊以及非熔化极脉冲弧焊等。它们的电弧静特性工作部分呈平的或略上升的形状，影响电弧稳定燃烧的主要参数是电流，而弧长变化不像熔化极电弧那样大。为了尽量减小由外界因素干扰引起的电流偏移，应采用具有陡降特性的电源，如图7-4（a）、（b）所示。

四、对弧焊电源调节特性的要求

焊接时，由于工件的材料、厚度及几何形状不同，选用的焊条（或焊丝）直径及采用的熔滴过渡形式也不同，因而需要选择不同的焊接工艺参数，即选择不同的电弧电压 U_h 和焊接电流 I_h 等。为满足上述要求，电源必须具备可以调节的性能。

如前所述，当弧长一定时，每一条电源外特性曲线与电弧静特性曲线相交，只有一个稳定工作点，也就是只有一组电弧电压和焊接电流值。因此，为了获得一定范围的所需电弧电压和焊接电流，弧焊电源必须具有若干可均匀调节的外特性曲线，以使与电弧静特性曲线相交，得到一系列稳定工作点，称弧焊电源的调节特性。在稳定工作的条件下，电弧电压、焊接电流、电源空载电压和焊接回路的等效阻抗 Z 之间的关系可用下式表示：

$$U_h = \sqrt{U_0^2 - I_h^2 \mid Z \mid^2} \text{ 或 } I_h = \frac{\sqrt{U_0^2 - U_h^2}}{\mid Z \mid}$$

由上式可知，给定焊接电流 I_h，来调节电弧电压或给定电弧电压 U_h 来调节焊接电流，都可以通过调节空载电压 U_0 和等效阻抗 Z 来实现。当 U_0 不变，改变 Z 时，可得到一系列外特性曲线，见图7-8。当 Z 不变时，改变 U_0，也可得到一系列外特性曲线，见图7-9。不同的焊接方法对弧焊电源调节特性提出不同的要求。

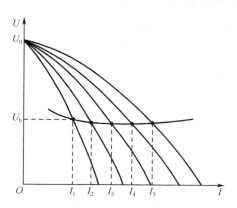

图7-8　U_0 不变，只改变 Z 时的电源
外特性曲线

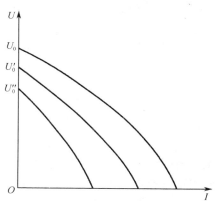

图7-9　Z 不变，只改变 U_0 时的电源
外特性曲线

1．焊条电弧焊

焊条电弧焊焊接电流 I_h 的调节范围大，通常在 $100 \sim 400A$，即使电弧电压 U_h 不变，也能保证得到所要求的焊缝成形，所以在焊接不同厚度的工件时，电弧电压 U_h 一般保持不变，只改变焊接电流 I_h 即可。因为 U_h 不变，所以 U_0 也不需作相应的改变，只要改变 Z 就可达到调节焊接电流的目的。图7-8就是焊条电弧焊常用的调节特性。

但是，当使用小电流焊接时，由于电流小，电子热发射能力弱，需要靠强电场作用才容易引燃电弧，这就要求电源应有较高的空载电压；当使用大电流焊接时，空载电压可以降低。通常把能这样改变外特性的弧焊电源，称为具有理想调节特性的弧焊电源，如图7-10所示。

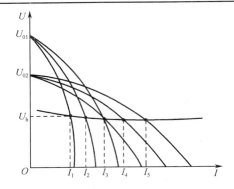

图 7-10 改变 U_0 和 Z 的电源外特性（理想调节特性）

2. 埋弧焊

在埋弧焊中，焊缝成形与焊接工艺参数关系密切，通常要求焊缝的熔深与熔宽之间应保持一定的比例关系。一般当焊接电流 I_h 增加时，焊缝熔深随着增大；当电弧电压 U_h 增加时，熔宽增加。因此，在增加焊接电流时，电弧电压也要增加。埋弧焊电源应具有图 7-9 所示的调节特性。

3. 等速送丝气体保护电弧焊

电弧静特性为上升的等速送丝气体保护电弧焊，可选用平外特性电源，如图 7-11 所示。

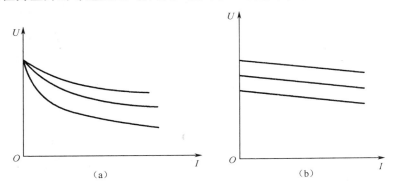

图 7-11 平外特性调节方式示意图

五、对弧焊电源动特性的要求

在焊接过程中，由于受到熔滴过渡等因素的影响，电弧电压和焊接电流时刻都在改变，即电弧永远处于动平衡状态。所谓弧焊电源的动特性，是指电弧负载状态发生突变时，弧焊电源输出电压与电流的响应过程，可以用弧焊电源的输出电流 $i_h = f(t)$ 和电压 $u_h = f(t)$ 来表示，它反映弧焊电源对负载瞬变的适应能力。所谓电弧的动特性，是指在一定的弧长下，当电弧电流以很快的速度变化时，电弧电压和焊接电流瞬时值之间的关系 $u_h = f(i_h)$。

图 7-12 中实线是某弧长下的电弧静特性曲线。如果电流由 a 点以很快的速度连续增加到 d 点后稳定下来，则随着电流的增加，使电弧空间的温度升高。但是后者的变化总是滞后于前者，这种现象称为热惯性。当电流增加到 i_b 时，由于热惯性，电弧空间温度总是达不到稳定状态下对应于 i_b 的温度。因此，因电弧空间温度低，弧柱导电性差，维持电弧燃烧的电压不能降至 b 点，保持在 b' 点，b' 在 b 的上方。以此类推，对应于每一瞬间电弧电流的电弧电压，就不在 $abcd$ 实线上，而是沿 $ab'c'd$ 虚线变化。这就是说，在电流增加的过程中，动特性曲线上的电弧电压，比静特性曲线上的电弧电压高。同理，当电弧电流由 i_d 迅

速减少到 i_a 时，同样由于热惯性的影响，电弧空间温度来不及降低，此时对应每一瞬时电流的电压值将低于静特性曲线上的电弧电压，如图 7-12 中的虚线所示。只有当弧焊电源的动特性合适时，才能获得预期有规律的熔滴过渡，电弧稳定，飞溅小和良好的焊缝成形。对动特性的要求主要有以下几点：

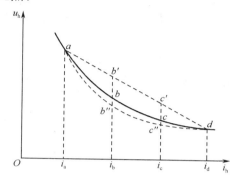

图 7-12　电弧动特性和静特性的说明示意图

① 合适的瞬时短路电流峰值　焊条电弧焊时，从有利于引弧、加速金属的熔化和过渡、缩短电源处于短路状态的时间等方面考虑，希望短路电流峰值大一些好；但短路电流峰值过大，会导致焊条和焊件过热，甚至使焊件烧穿，并会使飞溅增大。因此必须要有合适的瞬时短路电流峰值。

② 合适的短路电流上升速度　短路电流上升速度太小，不利于熔滴过渡；短路电流上升速度太大，飞溅严重。所以，必须要有合适的短路电流上升速度。

③ 合适的恢复电压最低值　在进行直流焊条电弧焊开始引弧时，当焊条与工件短路被拉开后，即在由短路到空载的过程中，由于焊接回路内电感的影响，电源电压不能瞬间就恢复到空载电压 U_0，而是先出现一个尖峰值（时间极短），紧接着下降到电压最低值 U_{min}，然后再逐渐升高到空载电压。这个电压最低值 U_{min} 就叫恢复电压最低值。如果 U_{min} 过小，即焊条与工件之间的电场强度过小，则不利于阴极电子发射和气体电离，使熔滴过渡后的电弧复燃困难。

综上所述，为保证电弧引燃容易和焊接过程的稳定，并得到良好的焊缝质量，要求弧焊电源应具备对负载瞬变的良好反应能力，即良好的动特性。

六、弧焊电源的主要技术特性

每台弧焊电源上都用铭牌说明它的技术特性，其中包括一次侧电压、相数、额定输入容量、输出空载电压和工作电压、额定焊接电流和焊接电流调节范围、负载持续率等。下面以BX3-300 型弧焊电源的铭牌为例说明这些参数的含义。

BX3-300 型					
一次电压	380V	空载电压		75/60V	
相数	1 相	频率		50Hz	
电流调节范围	40～400A	负载持续率		60%	
负载持续率/%	容量/kV·A	一次电流/A		二次电流/A	
100	15.9	41.8		232	
60	20.5	54		300	
35	27.8	72		400	

① 一次电压、容量、相数等参数是说明弧焊电源接入电网时的要求。如 BX3-300 型接入单相 380V 电网，容量为 20.5 kV·A。

② 二次空载电压表示弧焊电源输出端的空载电压，BX3-300 型空载电压有 75V 和 60V 两挡。

③ 负载持续率是用来表示弧焊电源工作状态的参数。负载持续率是指焊机负载的时间占选定工作时间的百分率。可用公式表示：

$$负载持续率＝在选定的工作周期内焊机负载时间/选定工作周期×100\%$$

我国标准规定，对于焊接电流在 500A 以下的弧焊电源，以 5min 为一个工作周期计算负载持续率。例如，手弧焊时只有电弧燃烧时电源才有负载，在更换焊条、清渣时电源没有负载。如果 5min 内有 1min 用于换焊条和清渣，那么电源负载时间为 4min，即负载持续率等于 80%。

④ 许用焊接电流。弧焊电源在使用时不能超过铭牌上规定的负载持续率下使用的规定焊接电流，否则会因温升过高将焊机烧毁。为保证焊机的温升不超过允许值，应根据弧焊电源的工作状态确定焊接电流大小。例如，BX3-300 型焊机当负载持续率是 60% 时，许用最大焊接电流为 300 A，若负载持续率为 100% 时，许用焊接电流仅 232A；而负载持续率为 35% 时，许用焊接电流可达 400A。也就是说，虽然 BX3-300 型焊机的额定焊接电流只有 300A，但最大焊接电流可超过 300A。

第二节　手弧焊辅助设备

一、焊接面罩

焊接面罩用来保护焊工面部及颈部免受强烈的弧光及金属飞溅的灼伤。电焊面罩有头戴式、手持式两类，如图 7-13 所示。

护目玻璃装在面罩上，用来减弱弧光强度，吸收大部分红外线和紫外线，护目玻璃镜片的外形尺寸为：长 100mm、宽 50mm，焊接时，焊工通过护目玻璃观察熔池情况，正确掌握和控制焊接过程，避免眼睛受弧光灼伤。颜色以墨绿色和橙色为多，按颜色的深浅不同，滤光玻璃遮光号有多种，号数越大，色泽越深。

(a) 头戴式　　　(b) 手持式

图 7-13　焊接面罩

选择合适的护目玻璃很重要，颜色太深时，看不清熔池，眼睛容易疲劳；颜色太浅，长时间工作对视力有危害。护目玻璃色号可根据焊接电流的大小、焊工年龄和视力情况来确定，手弧焊一般选用 7 号或 8 号为宜。为了防止护目玻璃被飞溅金属损坏，可在护目玻璃前后备加一块防护白玻璃片。安装时最好用胶布包好玻璃边缘，以防止漏光及玻璃片松动。

目前，还有一种较先进头戴式太阳能全自动电子滤光焊接面罩，起弧时，镜片颜色自动变深，响应速度达到 1/25000s，能充分有效地保护焊工的眼睛。面罩重量轻，使用者佩戴不容易疲劳，并且舒适，亮态设计 4 号色，焊工容易看清焊件，引弧焊接方便、准确，有利于提高工作效率和焊接质量，但价格较贵。主要技术指标：

视窗面积：98mm×44mm；亮态遮光号：DIN4；暗态遮光号：DIN9-13 无级可调；响应速度：1/25000s；

返回时间：0.2～0.8s，"短-中-长"三挡可以选择；

灵敏度控制：低-中-高；

电源供电：太阳能电源，不需要更换电池；

开关控制：全自动开关；

紫外线、红外线防护等级：DIN16 以上。

二、焊钳和焊接电缆

① 焊钳的作用是夹紧焊条和传导焊接电流。焊钳口应具有良好的导电性、不易发热、重量轻、夹持焊条牢固及装换焊条方便。电焊钳的构造见图 7-14。焊钳规格见表 7-3，在使用焊钳时，应防止摔碰，经常检查焊钳和焊接电缆连接是否牢固，手把处是否绝缘良好，钳口上的焊渣要经常清除，以减少电阻、降低发热量、延长使用寿命。

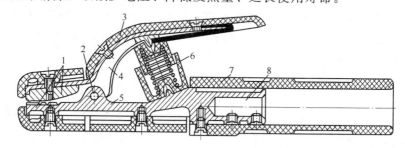

图 7-14　电焊钳的构造

1—钳口；2—固定销；3—弯臂罩壳；4—弯臂；5—直柄；6—弹簧；7—胶木手柄；8—焊接电缆固定处

表 7-3　常用手弧焊焊钳规格

规格 /A	额定焊接电流 /A	负载持续率 /%	工作电压 /V	适用焊条直径 /mm	焊接电缆截面积/mm² ≥	温升/℃ ≤
250	250	60	30	3.2～5.0	35	40
315	315	60	32	3.2～5.0	35	40
400	400	60	36	3.2～6.0	50	45

② 焊接电缆。

焊接电缆是二次回路用来传导焊接电流的，由于焊接电流相对普通电器用电电流来说较大，焊接电缆采用多股细铜线电缆，截面的选用应根据所用的焊接电流最大值和焊接电缆需用的长度来确定，如表 7-4 所示。焊接电缆应避免砸伤和烧伤，若有破损，应及时修补完好。横过道路时，应采取外加保护措施。

表 7-4　焊接电缆截面积与焊接电流、电缆长度的关系

焊接电流 /A	导线长度/m				
	20	30	40	50	60
	导线截面积/mm²				
100	25	25	25	25	25
150	35	35	35	35	50
200	35	35	35	50	60
300	35	50	60	60	70
400	35	50	60	70	85

三、劳动保护设备

焊工手套、绝缘胶鞋、工作服和平光眼镜是防止弧光、火花灼伤和防止触电所必须穿戴的劳动保护用品，平光眼镜是为了清渣时防止熔渣损伤眼睛。

四、辅助工具

① 敲渣锤是两端制成尖铲形和扁铲形的清渣工具。

② 錾子是用来清除熔渣、飞溅物和焊瘤的工具。

③ 钢丝刷用以清除焊件表面铁锈、污物和熔渣。

④ 锉刀用于修整焊件坡口钝边、毛刺和焊件根部的接头。

⑤ 烘干箱是烘干焊条的专用设备，其温度可按需要调节。

⑥ 焊条保温筒是焊接现场携带的保温容器，用于保持焊条的干燥度，可以随焊随取。

⑦ 焊缝万能量规是一种精密量规，用以测量焊前焊件的坡口角度、装配间隙、错边量及焊后焊缝的余高、焊缝宽度和角焊缝焊脚尺寸等，如图7-15所示。

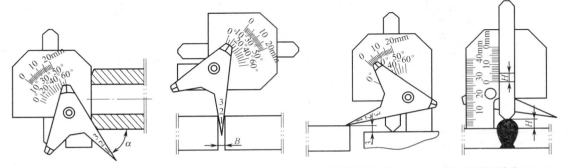

（a）测量焊道坡口角度$\alpha=0°\sim60°$（b）测量间隙宽度$B=1\sim3mm$（c）测量焊件错边量$0\sim20mm$（d）测量焊缝余高$H=1\sim18mm$

图7-15　焊缝万能量规用法示例

第三节　焊接运动

在焊接过程中，焊条相对于焊缝所作的各种运动的总称就叫运条。正确的运条是保证焊缝质量的重要因素之一，也是衡量焊工技术水平高低的重要指标。因此每个焊工都必须掌握好运条这项基本功。如图7-16所示为运条的三个基本运动。

一、焊条送进运动

焊条沿轴线方向向熔池送进的运动称为焊条送进运动。它是靠焊工的手臂向下移动完成的。送进

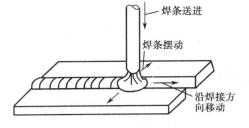

图7-16　运条的三个基本运动

运动的作用：由于焊条端部不断熔化，使焊条长度变短，电弧长度变长，如果没有送进运动，则电弧长度越来越大，直到电弧熄灭为止。为了保证焊接电弧不熄灭，维持电弧的稳定燃烧，焊条必须作送进运动。

1. 送进速度

必须尽可能保证焊条的送进速度和熔化速度相等，才能保证弧长稳定，焊接电流稳定，熔深稳定，焊缝质量稳定。

如果焊条的送进速度小于熔化速度，则电弧长度越来越大，直到电弧熄灭为止。如果焊条的送进速度大于熔化速度，则电弧长度越来越小，直到短路电弧熄灭为止。以上两种情况都不能保证电弧稳定燃烧，焊接过程中，焊工必须在所选定的焊接电流下，使焊条的送进速度正好等于其熔化速度，才能维持稳定电弧长度，保证焊接质量的稳定。

2.　通过调整送进速度来微调焊接电流的大小

调节焊接电流的方法：一种是通过焊机调节焊接电流的大小，通过改变焊接电源的外特性来调节焊接电流的大小，这种方法只能在焊接前进行，在焊接过程中是不能用的，但电流调节范围大。另一种是通过改变电弧长度的方法来调整焊接电流，这种方法的原理是改变电弧静特性曲线上电弧稳定燃烧的工作点位置来调整焊接电流，在实际生产中，当拉长电弧时，电弧电压增加，根据电弧的静特性曲线，电弧电压增大，焊接电流减小，电弧电压减小，焊接电流增大。在一定范围内可微调焊接电流，在实际生产中，是焊接最常用的方法之一，在焊接打底焊时特别有用。

3.　根据钝边和间隙的大小调节送进速度

在焊接过程中，发现坡口间隙太小或钝边太大，则应加快焊条的送进速度，压低电弧，使焊接电流增大；或降低焊接速度，使热输入增加或同时采用以上两种方法，才能防止未焊透或未熔合。

在焊接过程中，发现坡口间隙太小或钝边太大，则应减慢焊条的送进速度，拉长电弧，使焊接电流减小，或提高焊接速度，减小热输入，也可同时采用两种方法，防止烧穿，保证焊透。

总之，无论是压低电弧或抬高电弧，都要根据焊条熔化的实际情况，及时调整焊条送进速度，使其正好等于焊条的熔化速度，才能维持新的平衡，以上是一个动态的闭环控制过程。焊工是整个系统的核心。

二、焊条沿焊接方向的运动（焊接速度）

焊接速度是单位时间内焊条沿焊接方向移动的长度。它是决定焊接生产效率的重要焊接参数，也是焊接热输入的重要参数。

当焊接电流和焊接电压一定，单位时间内电弧产生的热量是一定的，能熔化的金属也是一定的，而焊接时对熔池的大小控制，也就是对焊接热输入总量的控制，我们知道，焊接热输入量是时间的函数，焊接电弧在焊缝的某个位置停留时间越长，热输入总量也就越大，熔化的金属越多，熔池也越大，容易产生咬边、烧穿。相反，停留时间短，热输入总量也就越小，熔化的金属越少，熔池也越小，容易产生未熔合、未焊透等缺陷。

由此可见，对熔池大小的控制，实际上就是控制焊接速度。影响焊接速度的工艺因素很多，焊工操作时必须根据实际情况及时调整焊接速度。控制熔池的大小和形状，既要保证焊透，又要保证不产生咬边、烧穿等缺陷。焊接电流越大，要求的焊接速度越大。相反，焊接电流小，焊接的速度要低。局部间隙较小或钝边较大的地方，适当降低焊接速度。为提高生产率，应采用直径较大的焊条和较大的焊接电流、较高的焊接速度，当然对焊工的技术要求越高。具体焊接速度是随焊接工艺的不同而变化的，没有固定的值。

三、焊条端部沿焊缝轴线的垂直方向的运动（摆动）

焊条端部沿焊缝轴线的垂直方向的运动称为焊条的横向摆动。焊条摆动的中心位置称为焊条的对中位置。单位时间内焊条摆动的次数称为摆动频率。焊条端部电弧沿焊道中心线横向移动的距离称为摆幅。焊条摆动的作用是获得一定宽度的焊缝和良好的焊缝质量。焊条的对中位置是焊条摆动的中心。

　　单层单道焊、多层单道焊，每层中有一个焊道，焊条的对中位置就是焊道的中心线。

　　多层多道焊时，焊条的对中位置由每层焊缝的焊道数确定，确定对中位置的原则是必须保证每条焊道都与坡口面、前一层焊道熔合良好。

　　焊条的摆动速度和幅度取决于焊缝的坡口尺寸。焊条的摆幅决定一条焊道的宽度，当焊接电流不变时，焊道宽度越大，焊接速度越慢，热输入越大，焊缝及热影响区越容易出现热组织，为保证焊缝质量，每条焊道的宽度应控制在焊条直径的 2～5 倍。但在有些情况下，焊条不应摆动，也就是摆幅为零。在低合金高强度钢、低温镍合金钢和不锈钢焊接时，应尽量减少单位长度焊缝上的热输入，以降低焊缝热影响区的过热程度。因此不应采用慢速摆动方式，而采用不摆动的运条方式。

四、焊条的倾斜角度

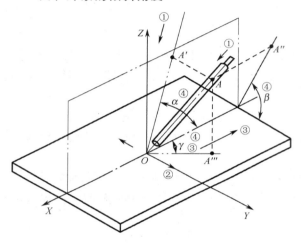

图 7-17　运条的基本动作
①—焊条送进（送进）；②—焊条摆动（摆动）；
③—沿焊缝轴线的移动（焊接）；④—焊条的倾角 α、β、γ

　　如图 7-17 所示为运条的基本动作。焊条的倾斜角度是一个空间角度，在 XOZ 平面上投影的夹角为 α；在 YOZ 平面上投影的夹角为 β；在 XOY 平面上投影的夹角为 γ。焊条的倾斜角度能决定电弧能量的分配比例，O 点为电弧对中位置。

　　焊条倾角对焊缝成形也很重要，焊条的倾角分前倾角和侧倾角两种。

　　前倾角是指焊条轴线相对于焊接方向之间的夹角 α；侧倾角是指焊条轴线和焊接方向所在的平面与焊件平面之间的夹角 β。

　　焊条的倾角可以控制电弧热量的分布情况和焊条套筒中定向气流的方向，对熔深和熔滴流向有很大的影响，这是焊工在操作时特别需要注意的地方。

　　① 对熔滴流向的影响，改变焊条倾角可以控制熔滴的喷射方向，在立焊、横焊、仰焊时都是通过改变焊条倾角而改变焊条套筒中定向气流的方向克服重力，使熔滴容易过渡到熔池中。

　　② 对熔深的影响，在焊接过程中，改变前倾角可以调节熔深。前倾角小时，熔深较浅。遇到间隙大、钝边小的地方，除提高电弧、加快焊接速度外，还可以减小焊条倾角，防止烧穿；反之，遇到间隙小、钝边大的地方，可适当加大焊条倾角，保证焊透。

　　③ 改变侧倾角能控制电弧能量的分配，当焊接不等厚的焊件时，电弧尽量吹向较厚的焊件，防止较薄的焊件烧穿。

五、运条方法

　　焊条的四个运动统称为运条，四种运动是同时进行的，不能机械地分开，而应相互协调，是靠焊工的手臂将其合成为焊接运条。可见焊接运条是具有相当难度的一项技能，也是焊工的基本功之一。

　　运条方法应根据焊接接头的形式、装配间隙、焊缝的空间位置、焊条的直径与性能、焊接电流和种类及大小、焊工的技术水平等多个要素来确定，关键是平稳、均匀。常用的运条

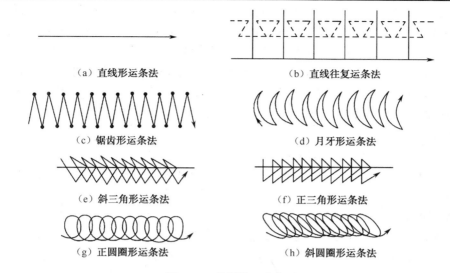

图 7-18 常用的运条方法

方法如图 7-18 所示。

① 直线形运条法。焊接时焊条不作横向摆动，沿焊接方向作直线形运动，常用于开 I 形坡口的对接平焊、多层焊的第一层焊道或多层多道焊。

② 直线往复运条法。焊接时焊条末端沿焊缝的纵向作来回直线形摆动，特点是焊接速度快、焊缝窄、散热快，适于薄板和接头间隙较大的多层焊的第一层焊道。

③ 锯齿形运条法。焊接时焊条末端作锯齿形连续摆动及向前移动，并在两边稍停片刻，摆动焊条是为了控制熔化金属的流动和得到必要的焊缝宽度，特点是操作容易掌握，各种焊接位置基本上均可采用。

④ 月牙形运条法。焊接时焊条末端沿着焊接方向作月牙形的左、右摆动，特点是金属熔化良好，有较长的保温时间，气体容易析出，熔渣易上浮，焊缝质量较高。

⑤ 三角形运条法。焊接时焊条末端分别作连续的斜三角形或正三角形运动，并向前移动。

⑥ 斜三角形运条法。适于焊接平、仰位置的 T 形接头焊缝和有坡口的横焊缝，特点是能够借焊条的摆动来控制熔化金属，焊缝成形良好。

⑦ 正三角形运条法。只适于开坡口的对接接头和 T 形接头焊缝的立焊，特点是一次就能焊出较厚的焊缝断面，焊缝不产生夹渣，生产效率较高。

⑧ 圆圈形运条法。焊接时焊条末端作圆圈形运动，并不断地前移。特点是熔池存在时间长，熔池金属温度高，气体和熔渣容易上浮，适用于焊接较厚焊件的平焊缝。

【技能训练 1】 引弧操作

电弧焊开始时，引燃电弧的过程称为引弧。

非接触引弧：借助于高频或高压脉冲引弧装置，使阴极表面产生强电场发射，其发射出来的电子流与气体介质撞击电离，从而产生焊接电弧，这种方法引弧时，电极端部与焊件不发生短路就能引燃电弧，其优点是引弧可靠、引弧位置选在坡口面上，引弧准确，引弧时不会烧伤焊件的表面，但需要另外增加小功率高频高压电源，电压高，危险性很大，手工电弧焊很少采用这种引弧方法。

接触引弧：引弧时，焊条与工件瞬时接触造成短路。由于接触面积很小，电流密度很大，同时又具有一定的接触电阻，所以此处产生大量的电阻热。接触电阻热使接触点处的温度骤然升高，使部分金属熔化和蒸发，焊条药皮中的易电离的物质（钾、钠等）变成蒸气，少量电离也开始发生，在拉开的瞬时，阴极表面在强电场作用下开始发射电子，产生焊接电弧。这种方法要求在操作过程中焊工对电弧长度控制水平较高，如控制不当，将会产生断弧。手工电弧焊则采用这种引弧方法。

一、焊前准备

1. 焊件。低碳钢钢板一块，每块长×宽为 300 mm×125 mm，厚 10mm。
2. 焊条。E4303 型，直径 $\phi3.2$ mm，焊接电流 100A，交（直）流弧焊机一台。
3. 连接焊件的地线。

二、操作要领

引弧根据操作手法又分为：直击引弧法和划擦引弧法。

① 划擦引弧法。如图 7-19（a）所示，先将焊条末端对准焊件表面划擦一下，当电弧引燃后，趁金属还没有开始大量熔入的一瞬间，立即使焊条的末端与被焊表面距离保持在 2～4mm，电弧就能稳定燃烧。操作时，焊工握焊钳的手腕顺时针方向旋转，使焊条的末端轨迹形成的是一个直径较小的圆，轨迹的最低处和焊件的表面相切（接触），当出现电弧时，使焊条端部与焊件再离开，保持一定距离。

② 直击引弧法。如图 7-19（b）所示，使焊条末端与焊件表面接触，当焊条的末端与焊件表面轻轻一碰，便迅速提起焊条，并保持一定距离（2～4mm），当火花产生时，便产生了焊接电弧。

三、注意事项

① 蹲姿要自然，两脚夹角为 70°～85°，两脚距离 240～260mm。如图 7-20 所示，避免脚尖或脚跟着地，造成下蹲不稳。

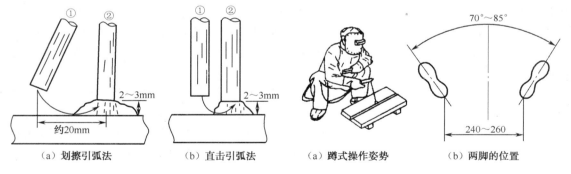

（a）划擦引弧法　　　　（b）直击引弧法　　　　（a）蹲式操作姿势　　　（b）两脚的位置

图 7-19　引弧方法　　　　　　　　　　　图 7-20　平焊操作姿势

② 一手持焊帽、一手持焊钳，持焊钳的胳膊半伸开，要悬空，无依托地操作。避免右肘靠在右膝盖上，造成运条时运动受限。

③ 焊帽的遮掩时机。当焊接端部离引弧位置的距离大约有 1cm 时，应在将焊帽戴好的同时，将焊条端部伸向焊件表面，这时若电弧正常引燃，则可从焊帽中镜片清楚观察到引燃电弧的情况，即可进行正常焊接。焊帽遮掩太早，则造成引弧位置不准，相反，太迟则造成弧光刺伤眼睛，造成短时间的盲眼，导致不能进行焊接。

④ 引弧时，有时会发生焊条和焊件粘在一起，这时只要将焊钳左右摇动几下，就可以

使焊条从焊件上脱离，如果还不能使焊条从焊件上脱离，就应立即将焊钳打开，使焊条与焊钳分离，断开焊接回路，待焊条稍冷后再取下来。这是因为焊条粘住焊件造成短路，使焊接电流迅速增加到工作电流的几倍，过大的短路电流会使焊机发热严重，长时间发热导致焊机温度过高损坏绝缘层（或晶体管元件），导致焊机烧坏。

　　⑤ 引弧的位置。在一般的焊接结构上，当用直击法引弧困难时，可采用划擦法引弧，引弧的位置没有什么特殊要求，只要不在已加工表面引弧就行。在压力容器焊接中，对引弧位置有严格的规定。焊工不应任意在容器壳体的非焊接部位引弧，特别是对低合金高强度钢制容器，引弧坑往往是壳体表面微裂纹的起源地。因此焊工应在坡口侧壁或前层焊道上引弧，且引弧点应被电弧完全重熔。划擦法容易掌握，但会经常擦伤坡口以外的焊件表面，直击法虽难掌握，但容易满足上述要求。作为一个合格的焊工，应在规定的位置或引弧板上引弧，不应在随意位置引弧。

　　划擦引弧法比较容易掌握，但是在狭小工作面上或不允许烧伤焊件表面时，就应采用直击引弧法，直击引弧法引弧位置准确性高，但操作难度较大，一般容易发生电弧熄灭或粘接现象，这是由于焊工没有很好地掌握离开焊件的时机、速度和保持一定距离。如果操作时焊条上拉太高、太快，都不能引燃电弧或电弧只燃烧一瞬时就熄灭。相反，动作太慢则可能引起焊条与焊件粘在一起，造成焊接回路短路。

【技能训练 2】焊缝的起头和收尾技能

　　焊缝的起头是指刚开始焊接处的焊缝，由于刚开始焊件的温度很低，引弧后又不能迅速地使焊件温度升高，所以起点焊道较窄、熔深浅、余高略高，甚至出现熔合不良和夹渣缺陷。

　　焊缝收尾是指一条焊缝焊到终点位置时如何收弧。焊接结束时，如果将电弧直接熄灭，则焊缝表面留有凹陷较深的弧坑会降低收尾处的焊缝强度，并容易引起弧坑裂纹。

一、焊前准备

　　① 焊件。低碳钢钢板两块，每块长×宽为 300mm×125mm，厚 10mm。

　　② 焊条。E4303 型，直径 ϕ3.2mm，焊接电流 100A，交（直）流弧焊机一台。

　　③ 连接焊件的地线。

二、操作要领

　　① 焊缝起头。

　　方法一：在引弧后稍微拉长电弧，对始焊位置预热，然后转入正常焊接。

　　方法二：从距离始焊点 10mm 处引弧，回退到始焊点，逐渐压低电弧，同时焊条作微微摆动，从而达到所需要的焊道宽度，然后转入正常焊接，如图 7-21 所示。

　　② 焊缝收尾。

　　划圈收尾法：焊条焊到焊缝终点时，在弧坑处作圆圈形运条，直到填满弧坑再熄灭电弧，如图 7-22 所示。

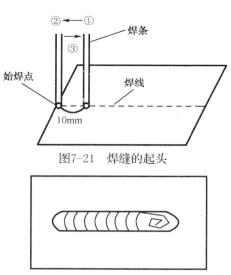

图7-21　焊缝的起头

图 7-22　划圆圈收尾法

反复断弧收尾法：焊条焊到焊缝终点时，在弧坑处反复进行熄弧、引弧操作，直到填满弧坑再熄灭电弧，如图 7-23 所示。

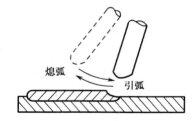

熄弧　　引弧

图 7-23　反复断弧收尾法

回焊收尾法：焊条焊到焊缝终点时，按照正常焊接时方向相反回焊 10～20mm，再熄灭电弧。

三、注意事项

划圈收尾法适用于厚板焊接；反复断弧收尾法适于薄板焊接，但不适用于碱性焊条；碱性焊条多用回焊收尾法。

换焊条时或临时停弧时收尾法：焊条焊到收弧位置时，在弧坑处稍做停留，将电弧慢慢抬高，引到焊缝边缘的坡口内。这时熔池会逐渐缩小，凝固后一般不出现缺陷。

第八章 焊 条

第一节 焊条的组成

涂有药皮的供焊条电弧焊用的熔化电极称为电焊条，简称焊条。它由焊芯和药皮两部分组成，如图 8-1 所示。在靠近夹持端的药皮上印有焊条牌号。

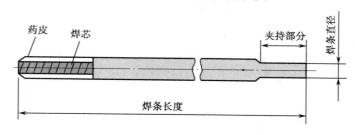

图 8-1 电焊条结构

一、焊芯

焊条中被药皮包覆的金属丝叫焊芯。焊芯的作用：作为电极产生电弧和熔化后成为填充金属，与熔化了的母材混合并参加冶金反应形成优质焊缝。

根据 GB/T 14957—1994《熔化焊用钢丝》规定，专门用于制造焊芯和焊丝的钢材，可分为碳素结构钢、合金结构钢两类。

焊条钢牌号一律用汉语拼音字母 H 作字首，其后紧跟钢号，表示方法与优质碳素结构钢、合金钢相同。若钢号末尾注有 A，为高级优质焊条钢，含硫、磷量较低。若末尾注有字母 E，为特级焊条钢，含硫、磷量比高级优质焊条钢更低。钢号后的元素符号可有可无，若有则表示该元素为主要合金元素。

H08：低碳焊条钢，C≈0.08%，S、P（含硫、磷量）均<0.04%。

H08A：高级低碳焊条钢，S、P（含硫、磷量）均<0.03%。

二、药皮

压涂在焊芯表面上的涂料层称为药皮。涂料层是由各种矿石粉末、铁合金粉、有机物和化工制品等原料，按一定比例配制后压涂在焊芯表面上的。一般焊条药皮的配方中，组成物有八九种之多，焊条药皮组成物根据药皮成分在焊接过程中的作用通常分为：

① 稳弧剂：常用的稳弧剂有大理石、长石、钛白粉、水玻璃（含有钾、钠碱土金属的硅酸盐）等，可在焊条引弧和焊接过程中起改善引弧性能和稳定电弧的作用。

② 造渣剂：常用的造渣剂有大理石、菱苦土、白泥、金红石、云母、长石、钛白粉、氟石等。这类组成物能熔成一定密度的熔渣浮于熔池表面，使空气不易侵入，并且产生熔池金属必需的冶金反应，起到保护熔池和改善焊缝成形的作用。

③ 造气剂：常用的造气剂有大理石、白云石、菱镁矿、淀粉、纤维素等。主要作用是形成保护气氛，同时也有利于熔滴过渡。碳酸盐类矿物质在电弧高温条件下能分解出大量二氧化碳气体。有机物类组成物一般都是碳、氢、水等的化合物，只要温度达 250℃ 以上，就

会分解出一氧化碳和氢属还原气体，特别是一氧化碳，能有效地保护焊缝金属。

④ 脱氧剂：常用的脱氧剂有钛铁、锰铁、硅铁、铝铁、石墨等。主要作用是对熔渣和焊缝金属脱氧。利用熔融在焊接熔渣里的某种与氧亲和力比较大的元素，通过在熔渣及熔化金属内进行一系列化学反应来达到脱氧的目的。

⑤ 合金剂：常用的合金剂有硅铁、锰铁、钛铁、钼铁、铬粉、镍粉、硼铁等。主要作用是补偿焊接过程中被烧损、蒸发的合金元素，并补加特殊性能要求的合金元素，以保证焊缝金属必要的化学成分、力学性能和抗腐蚀性能等。

⑥ 稀释剂：主要的稀释剂有氟石、钛铁矿、冰晶粉和钛白粉等。主要作用是降低焊接熔渣的熔点、黏度、表面张力，改善熔渣的流动性能。如氟石（CaF_2）与熔渣中的其他成分形成 $CaO \cdot SiO_2 \cdot CaF_2$ 共晶（熔点为 1130℃），可降低熔渣的黏度。

⑦ 黏结剂：主要成分是钾、钠水玻璃，用于黏结药皮涂料，使它能牢固地涂压在焊芯上。

⑧ 成形剂：主要作用是增加涂料的塑性和润滑性，便于焊条的压涂，减小焊条的偏心度，保证焊条制造质量，如云母、白泥、钛白粉等。

焊条药皮中的许多原料，可以同时起几种作用。如大理石既有稳弧作用，又有造气、造渣的作用；某些铁合金（如锰铁、硅铁）既可作脱氧剂，又可作合金剂。钾、钠水玻璃本身具有黏结性，同时还起到稳弧和造渣作用。

综上所述，可以将焊条药皮的作用归纳为以下几方面：

① 改善焊条的焊接工艺性能。提高电弧燃烧的稳定性，减少飞溅，易脱渣，改善熔滴过渡和焊缝成形，能提高熔敷效率。

② 机械保护作用。药皮熔化或分解后产生气体和熔渣，隔绝空气，可防止熔滴和熔池金属与空气接触。熔渣凝固后渣壳覆盖在焊缝表面，可防止高温的焊缝金属被氧化，并可减慢焊缝金属的冷却速度，改善焊缝结晶和成形。

③ 冶金处理。通过熔渣和铁合金的脱氧、去硫、去磷、去氢和渗合金等焊接冶金反应，可去除有害元素，增添有益元素，从而使焊缝获得合适的化学成分。

三、按焊条药皮的主要成分分类

① 钛铁矿型：药皮中钛铁矿的质量分数不小于 30%，熔渣流动性好，熔深较大，渣覆盖良好，脱渣容易，飞溅一般，焊波整齐。这类药皮焊条适用于全位置焊接，焊接电流为交、直流两用。

② 钛钙型：药皮中含有质量分数 30% 以上的氧化钛和质量分数 20% 以下的钙或镁的碳酸盐。熔渣流动性好，脱渣容易，电弧稳定，熔深适中，飞溅小，焊波整齐。这类药皮焊条适用于全位置焊接，焊接电流为交、直流两用。

③ 低氢钠和低氢钾型：低氢钠型焊条药皮主要以碱性氧化物为主，并以钠水玻璃为黏结剂，其熔渣流动性好，焊接工艺性能一般，焊波较粗，角焊缝略凸，熔深适中，脱渣性较好，这类药皮焊条适用于全位置焊接，焊接电流为直流反接；低氢钾型焊条药皮的组成与低氢钠型相似，但添加了稳弧剂，所以电弧稳定，其他工艺性能与低氢钠型焊条相似，焊接电流为交流或直流反接。这两种类型药皮焊条的熔敷金属都具有良好的抗裂性能和力学性能。

④ 高纤维素钠和高纤维素钾型：高纤维素钠型焊条药皮中含有质量分数大于 15% 的纤维素有机物，并以钠水玻璃为黏结剂。焊接时有机物在电弧区分解产生大量的气体，保护熔敷金属。电弧吹力大，熔深较大，熔化速度快，熔渣少，易脱渣，飞溅一般，通常限制采用大电流焊接，这类药皮焊条适用于全位置焊接，焊接电流为直流反接；高纤维素钾型焊条药

皮是在与高纤维素钠型焊条药皮相似的基础上添加了少量的钙与钾的化合物，电弧稳定，这类药皮焊条焊接电流为交流或直流反接，适用于全位置焊接。

⑤ 高钛钠和高钛钾型：高钛钠型焊条药皮以氧化钛为主要成分并以钠水玻璃为黏结剂。其电弧稳定，引弧容易，熔深较浅，熔渣覆盖良好，脱渣容易，焊波整齐，适用于全位置焊接，焊接电流为交流或直流正接，但熔敷金属的塑性及抗裂性较差。高钛钾型焊条药皮是在与高钛钠型焊条药皮相似的基础上采用钾水玻璃做黏结剂，电弧比高钛钠型稳定，工艺性能、焊缝成形比高钛钠型好，这类药皮焊条适用于全位置焊接，焊接电流为交流或直流正、反接。

⑥ 氧化铁型：药皮中含有较多的氧化铁及较多的脱氧剂锰铁。这类药皮焊条的电弧吹力大，熔深较大，电弧稳定，引弧容易，熔化速度快，熔渣覆盖好，脱渣性好，焊缝致密，略带凹度，飞溅稍大，适合于平焊和平角焊的高速焊，焊接电流可为交流或直流正接。

⑦ 石墨型：焊条药皮中含有较多的石墨，使焊缝金属获得较高的游离碳或碳化物。采用低碳钢芯的石墨型药皮焊条，一般焊接工艺性能较差，飞溅较多，烟雾较大，熔渣极少。这种焊条只适用于平焊操作；采用非铁金属芯的石墨药皮焊条，一般焊接工艺性能较好，飞溅极少，熔深较浅，熔渣少，适用于全位置焊接。石墨型药皮焊条引弧容易，药皮强度较低。此外，由于抗裂性较差和焊条尾部容易发红，故施焊时一般采用较小的热输入量，焊接电流为交、直流两用。

⑧ 盐基型：药皮主要由氯化物和氟化物组成。由于药皮吸潮性较强，焊条使用前必须烘干。焊条的工艺性能较差，并有熔点低、熔化速度快的特点。焊接时要求电弧很短。熔渣具有一定的腐蚀性，要求焊后仔细清除干净。焊接电流为直流反接。

四、根据药皮熔化后的熔渣特性分类

1. 酸性焊条

熔渣以酸性氧化物（SiO_2、TiO_2、Fe_2O_3）为主的焊条称为酸性焊条。例如：钛铁矿型、钛钙型、高钛型、氧化铁型和纤维素型焊条。酸性焊条具有较强的氧化性，促使合金元素氧化，同时电弧中的氧离子容易与氢离子结合，生成氢氧根离子，可防止氢气孔，所以这类焊条对铁锈、水不敏感。酸性熔渣脱氧不完全，同时不能有效地清除熔池中的硫、磷等杂质，故焊缝金属的力学性能较低。酸性焊条的特点如下：

① 对水、铁锈的敏感性不大，使用前须经 100～150℃烘干，保温 1～2h。

② 电弧稳定，可用交流或直流施焊。

③ 焊接电流较大，可长弧操作。

④ 合金元素过渡效果差，熔深较浅，焊缝成形较好。

⑤ 熔渣呈玻璃状，脱渣较方便。

⑥ 焊缝的常低温冲击韧度一般，焊缝的抗裂性较差。

⑦ 焊缝的含氢量较高，影响塑性，焊接时烟尘较少。

2. 碱性焊条

熔渣以碱性氧化物和氟化钙（CaO、CaF_2）为主的焊条称为碱性焊条。例如低氢钠、钾型焊条。碱性焊条脱氧性能好，合金元素烧损少，焊缝金属合金化效果较好。由于电弧中含氧量低，如遇到焊件或焊条存在铁锈和水分时，容易产生氢气孔。因此要求焊前清理干净焊件，同时在 350～400℃温度下对焊条进行烘干。药皮中的氟石，在焊接过程中与氢化合生成氟化氢，具有去氢作用。但是氟石不利于电弧稳定，必须采用直流反极性进行焊接。若在药皮中加入稳定电弧的组成物碳酸钾等，便可使用交流电源。酸性焊条的特点如下：

① 对水、铁锈的敏感性较大，使用前须经 350～400℃烘干，保温 1～2h。

② 须直流反接施焊，当药皮中加稳弧剂后，可交流或直流两用。

③ 须短弧操作，否则易引起气孔。

④ 合金元素过渡效果好，熔深较深，焊缝成形一般。

⑤ 熔渣呈结晶状，脱渣不及酸性焊条。

⑥ 焊缝的常低温冲击韧度高，焊缝的抗裂性较好。

⑦ 焊缝的含氢量低，焊接时烟尘多，工作环境差。

第二节　焊条牌号

焊条牌号是焊条的生产厂家所指定的代号。由于各生产厂家编排规律不尽相同，因此容易造成同一型号焊条出现不同生产厂家的若干牌号。我国焊条制造厂在原机械工业部的组织下实行了统一牌号制度，并在《焊接材料产品样本》中规定了焊条牌号编制方法，各牌号焊条的特点、用途、主要使用性能及使用注意事项。

需要说明的是，《焊接材料产品样本》并不是国家标准，由于近年来各种焊条的国家标准已经参照国际标准作了较大的修改，导致《焊接材料产品样本》中部分牌号与国家标准中的型号对应关系非常勉强。但焊条牌号沿用已久，已为广大用户、厂家及焊工所熟悉，故未作修改。焊条牌号由代表焊条用途的字母和三位数字组成。

表 8-1　焊条代号

焊条类别	代　号	焊条类别	代　号
结构钢焊条	J（结）	低温钢焊条	W（温）
低合金钢焊条		铸铁焊条	Z（铸）
钼和铬钼耐热钢焊条	R（热）	镍及镍合金焊条	Ni（镍）
铬不锈钢焊条	G（铬）	铜及铜合金焊条	T（铜）
铬镍不锈钢焊条	A（奥）	铝及铝合金焊条	L（铝）
堆焊焊条	D（堆）	特殊用途焊条	TS（特殊）

焊条牌号通常以一个汉语拼音字母或汉字（表 8-1）与三位数字表示，前面两位数字表示各大类中的若干小类，第三位数字表示焊条牌号的药皮类型及焊接电源，见表 8-2。

表 8-2　焊条牌号中第三位数字的含义

数　字	药 皮 类 型	焊接电源种类	数　字	药 皮 类 型	焊接电源种类
0	不属已规定的类型	不规定	5	纤维素型	直流或交流
1	氧化钛型	直流或交流	6	低氢钾型	直流或交流
2	钛钙型	直流或交流	7	低氢钠型	直流
3	钛铁矿型	直流或交流	8	石墨型	直流或交流
4	氧化铁型	直流或交流	9	盐基型	直流

一、结构钢焊条

1. 牌号表示

$$J \times_1 \times_2 \times_3 \times_4 \times_5$$

J ——结构钢焊条,见表8-1;

$\times_1 \times_2$ ——焊缝金属抗拉强度等级,见表8-3;

$\times_3$ ——药皮类型及电源种类,见表8-2;

$\times_4 \times_5$ ——附加字母,表示特殊性能和用途,见表8-4。

2. 牌号举例

$$J507CuP$$

J ——结构钢焊条;

50 ——熔敷金属抗拉强度不低于490MPa(50kgf/mm²);

7 ——低氢钠型药皮,直流电源;

CuP——用于铜磷钢,有抗大气和耐海水腐蚀的特殊用途。

表 8-3 焊缝金属抗拉强度等级

焊条牌号	焊缝金属的抗拉强度等级		焊条牌号	焊缝金属的抗拉强度等级	
	MPa	kgf/mm²		MPa	kgf/mm²
J42×	420	43	J70×	690	70
J50×	490	50	J75×	740	75
J55×	540	55	J85×	830	85
J60×	590	60	J10×	980	100

表 8-4 附加字母的含义

字 母	表示的含义	字 母	表示的含义
D	底层焊条	RH	高韧性超低氢焊条
DF	低尘焊条	LMA	低吸潮焊条
Fe	高效铁粉焊条	SL	渗铝钢焊条
Fe15	高效铁粉焊条名义熔敷效率150%	X	向下立焊用焊条
G	高韧性焊条	XG	管子向下立焊用焊条
GM	盖面焊条	Z	重力焊条
R	压力容器焊条	Z16	重力焊条名义熔敷效率160%
GR	高韧性压力容器焊条	CuP	含Cu和P的抗大气腐蚀焊条
H	超低氢焊条	CrNi	含Cr和Ni的耐海水腐蚀焊条

二、耐热钢焊条

1. 牌号表示

$$R \times_1 \times_2 \times_3$$

R ——耐热钢焊条,见表8-1;

$\times_1$ ——熔敷金属的主要化学成分组成等级,见表8-5;

$\times_2$ ——同一焊缝金属化学成分等级中不同牌号;

$\times_3$ ——药皮类型及电源种类,见表8-2。

2. 牌号举例

R347

R——耐热钢焊条；

3 ——熔敷金属的主要化学成分组成等级，含铬 1%～2%，含钼 0.5%～1%；

4 ——牌号分类编号为 4；

7 ——低氢钠型药皮，直流电源焊接。

表 8-5　耐热钢焊条熔敷金属主要化学成分组成等级

焊条牌号	熔敷金属主要化学成分组成等级
R1××	含 Mo 量约为 0.5%
R2××	含 Cr 量约为 0.5%，含 Mo 量约为 0.5%
R3××	含 Cr 量为 1%～2%，含 Mo 量为 0.5%～1%
R4××	含 Cr 量约为 2.5%，含 Mo 量约为 1%
R5××	含 Cr 量约为 5%，含 Mo 量约为 0.5%
R6××	含 Cr 量约为 7%，含 Mo 量约为 1%
R7××	含 Cr 量约为 9%，含 Mo 量约为 1%
R8××	含 Cr 量约为 11%，含 Mo 量约为 1%

三、低温钢焊条

1. 牌号表示

$W×_1×_2×_3$

W　　 ——低温钢焊条，见表 8-1；

$×_1×_2$——焊条工作温度等级，见表 8-6；

$×_3$　 ——药皮类型及电源种类，见表 8-2。

2. 牌号举例

W707

W——低温钢焊条；

70——工作温度为 −70℃；

7 ——药皮为低氢钠型，直流电源焊接。

表 8-6　低温钢焊条工作温度等级

焊条牌号	工作温度等级/℃	焊条牌号	工作温度等级/℃
W60×	−60	W10×	−100
W70×	−70	W19×	−196
W80×	−80	W25×	−253
W90×	−90		

四、不锈钢焊条牌号表示

$G×_1×_2×_3$　　　$A×_1×_2×_3$

G ——铬不锈钢焊条，见表 8-1；

A ——铬镍不锈钢焊条，见表 8-1；

$×_1$——熔敷金属的主要化学成分组成等级，见表 8-7；

$×_2$——同一熔敷金属化学成分等级中不同牌号；

×₃——药皮类型及电源种类，见表 8-2。

表 8-7　不锈钢焊条熔敷金属主要化学成分组成等级

焊条牌号	熔敷金属主要化学成分组成等级
G2××	含 Cr 量约为 13%
G3××	含 Cr 量约为 17%
A0××	含碳量≤0.04%（超低碳）
A1××	含 Cr 量约为 19%，含 Ni 量约为 10%
A2××	含 Cr 量约为 18%，含 Ni 量约为 12%
A3××	含 Cr 量约为 23%，含 Ni 量约为 13%
A4××	含 Cr 量约为 26%，含 Ni 量约为 21%
A5××	含 Cr 量约为 16%，含 Ni 量约为 25%
A6××	含 Cr 量约为 16%，含 Ni 量约为 35%
A7××	铬锰氮不锈钢
A8××	含 Cr 量约为 18%，含 Ni 量约为 18%
A9××	待发展

五、堆焊焊条

牌号表示

$$D×_1×_2×_3$$

D　　——堆焊焊条，见表 8-1；

×₁×₂——焊条的用途或熔敷金属的主要成分类型，见表 8-8；

×₃　——药皮类型及电源种类，见表 8-2。

表 8-8　堆焊焊条牌号中前两位数字的含义

前两位数字	主要用途或主要成分类型	前两位数字	主要用途或主要成分类型
00～09	不规定	60～69	合金铸铁堆焊焊条
10～24	不同硬度的常温堆焊焊条	70～79	碳化钨堆焊焊条
25～29	常温高锰钢堆焊焊条	80～89	钴基合金堆焊焊条
30～49	刀具工具用堆焊焊条	90～99	待发展堆焊焊条
50～59	阀门堆焊焊条		

六、铸铁焊条

1. 牌号表示

$$Z×_1×_2×_3$$

Z 　——铸铁焊条，见表 8-1；

×₁——熔敷金属的主要化学成分组成等级，见表 8-9；

×₂——同一焊缝金属化学成分等级中不同牌号；

×₃——药皮类型及电源种类，见表 8-2。

2. 牌号举例

$$Z308$$

Z——铸铁焊条；

3——纯镍；

0——分类牌号为 0；

8——石墨型，交直流两用。

表 8-9　铸铁焊条牌号中第一位数字的含义

焊条牌号	熔敷金属主要化学成分组成	焊条牌号	熔敷金属主要化学成分组成
Z1××	碳钢或高钒钢	Z5××	镍铜合金
Z2××	铸铁（包括球墨铸铁）	Z6××	铜铁合金
Z3××	纯镍	Z7××	待发展
Z4××	镍铁合金		

七、镍及镍合金焊条

牌号表示

$$Ni×_1×_2×_3$$

Ni ——镍及镍合金焊条，见表 8-1；

$×_1$——熔敷金属的主要化学成分组成类型，见表 8-10；

$×_2$——同一熔敷金属化学成分类型中不同牌号编号，按顺序编号；

$×_3$——药皮类型及电源种类，见表 8-2。

表 8-10　镍及镍合金焊条牌号第一位数字的含义

焊条牌号	熔敷金属的主要化学成分组成类型
Ni1××	纯镍
Ni2××	镍铜合金
Ni3××	因康镍合金
Ni4××	待发展

八、铜及铜合金焊条

牌号表示

$$T×_1×_2×_3$$

T ——铜及铜合金焊条，见表 8-1；

$×_1$——熔敷金属的主要化学成分组成类型，见表 8-11；

$×_2$——同一熔敷金属化学成分类型中不同牌号编号，按顺序编号；

$×_3$——药皮类型及电源种类，见表 8-2。

表 8-11　铜及铜合金焊条牌号第一位数字的含义

焊条牌号	熔敷金属的主要化学成分组成类型
T1××	纯铜
T2××	青铜合金
T3××	白铜合金
T4××	待发展

九、铝及铝合金焊条

牌号表示

$$L×_1×_2×_3$$

L ——铝及铝合金焊条，见表 8-1；

$×_1$——熔敷金属的主要化学成分组成类型，见表 8-12；

$\times_2$——同一熔敷金属化学成分类型中不同牌号编号，按顺序编号；

$\times_3$——药皮类型及电源种类，见表8-2。

表8-12　铝及铝合金焊条牌号第一位数字的含义

焊条牌号	熔敷金属的主要化学成分组成类型
L1××	纯铝
L2××	铝硅合金
L3××	铝锰合金
L4××	待发展

十、特殊功能焊条

牌号表示

$$TS\times_1\times_2\times_3$$

TS——特殊功能焊条；

$\times_1$——熔敷金属的主要化学成分或焊条用途，见表8-13；

$\times_2$——同一熔敷金属化学成分类型中不同牌号编号，按顺序编号；

$\times_3$——药皮类型及电源种类，见表8-2。

表8-13　特殊功能焊条第一位数字的含义

焊条牌号	熔敷金属成分及焊条用途
TS2××	水下焊接用
TS3××	水下焊接用
TS4××	铸铁件补焊前开坡口用
TS5××	电渣焊用管状焊条
TS6××	铁锰铝焊条
TS7××	高硫堆焊焊条

第三节　焊条型号

一、碳钢焊条

碳钢焊条主要用于强度等级较低的低碳钢和低合金钢的焊接，根据 GB/T5117—1995《碳钢焊条》型号表示方法如下。

1. 焊条型号表示方法

$$E\times_1\times_2\times_3\times_4\bigcirc$$

E　　——焊条；

$\times_1\times_2$——熔敷金属抗拉强度的最小值，kgf/mm^2；

$\times_3$　——焊条适用的焊接位置，0、1为全位置，2为平焊、平角焊，4为向下立焊；

$\times_3\times_4$——焊条药皮类型及电源种类，见表8-14；

$\bigcirc$　——附加符号，M表示对吸潮和力学性能有特殊规定，R表示耐吸潮焊条，1表示对冲击性能有特殊规定的焊条。

2. 碳钢焊条型号示例

E ——焊条；

43——熔敷金属抗拉强度最小值为 420MPa （43kgf/mm^2）；

0 ——全位置焊接；

03——药皮为钛钙型，交流或直流正、反接，见表 8-14。

表 8-14   碳钢焊条型号中第三、四位数字组合含义

焊条型号	药皮类型	电流种类
E××00	特殊型	交流或直流正、反接
E××01	钛铁矿型	
E××03	钛钙型	
E××10	高纤维素钠型	直流反接
E××11	高纤维素钾型	交流或直流反接
E××12	高钛钠型	交流或直流正接
E××13	高钛钾型	交流或直流正、反接
E××14	铁粉钛型	
E××15	低氢钠型	直流反接
E××16	低氢钾型	交流或直流反接
E××18	铁粉低氢型	
E××20	氧化铁型	交流或直流正接
E××22		
E××23	铁粉钛钙型	交流或直流正、反接
E××24	铁粉钛型	
E××27	铁粉氧化铁型	交流或直流正接
E××28	铁粉低氢型	交流或直流反接
E××48		

二、低合金钢焊条

低合金钢焊条主要用于低合金钢、含合金元素较低的钼和铬钼耐热钢及低温钢的焊接。根据 GB/T5118—1995《低合金钢焊条》型号表示方法如下。

1. 焊条型号表示方法

$$E×_1×_2×_3×_4\text{-}×_5×_6\text{-}×_7$$

E   ——焊条；

$×_1×_2$——熔敷金属抗拉强度的最小值，kgf/mm^2；

$×_3$ ——焊条适用的焊接位置，0、1 为全位置，2 为平焊、平角焊，4 为向下立焊；

$×_3×_4$——焊条药皮类型及电源种类，见表 8-14；

$×_5×_6$——熔敷金属中化学成分分类代号，$×_5$ 为字母，$×_6$ 为字母或数字或全无，详见表 8-15；

$×_7$ ——附加化学成分，以元素符号表示。

2. 低合金钢焊条型号示例

E5515-B3-VWB

E——焊条；

55　——熔敷金属抗拉强度最小值为540MPa（55kgf/mm^2）；

1　　——全位置焊接；

15　——低氢钠型药皮，直流反接；

B3　——碳钼钢；

VWB——熔敷金属中含有钒、钨、硼元素。

表8-15　GB/T5118—1995《低合金钢焊条》后缀字母的含义

后缀字母	合金系统	熔敷金属化学成分等级/%
A1	碳钼钢	C0.12，Mo0.4～0.65
B1	碳钼钢	C0.05～0.12，Cr0.4～0.65，Mo0.4～0.65
B2	碳钼钢	C0.05～0.12，Cr0.80～1.50，Mo0.4～0.65
B2L	碳钼钢	C0.05，Cr1.00～1.50，Mo0.4～0.65
B3	碳钼钢	C0.05～0.12，Cr2.00～2.50，Mo0.9～1.20
B3L	碳钼钢	C0.05，Cr2.00～2.50，Mo0.9～1.20
B4L	碳钼钢	C0.05，Cr1.75～2.25，Mo0.40～0.65
B5	碳钼钢	C0.07～0.15，Cr0.4～0.60，Mo1.00～1.25
C1	镍钢	C0.12，Ni2.00～2.75
C1L	镍钢	C0.05，Ni2.00～2.75
C2	镍钢	C0.12，Ni3.00～3.75
C2L	镍钢	C0.05，Ni2.00～2.75
C3	镍钢	C0.12，Ni0.80～1.10
NM	镍钼钢	C0.10，Ni0.80～1.10，Mo0.40～0.65
D1	锰钼钢	C0.12，Mn1.25～1.75，Mo0.25～0.45
D2	锰钼钢	C0.15，Mn1.65～2.00，Mo0.25～0.45
D3	锰钼钢	C0.12，Mn1.00～1.75，Mo0.40～0.65

三、不锈钢焊条

不锈钢焊条主要用于各类不锈钢的焊接。其中又可以细分为铬不锈钢和铬镍不锈钢焊条，根据GB/T983—1995《不锈钢焊条》型号表示方法如下。

1. 焊条型号表示方法

$$E \times_1 \times_2 \times_3 \text{-} \times_4 \times_5$$

E　　　　——焊条；

$\times_1 \times_2 \times_3$——熔敷金属的化学成分分类代号；

$\times_4 \times_5$　——药皮类型、焊接位置及焊接电流类型。

$$E \times_1 \times_2 \times_3 \times_4 \times_5 \text{-} \times_6 \times_7$$

E　　　　——焊条；

$\times_1 \times_2 \times_3$——熔敷金属的化学成分分类代号；

$\times_4 \times_5$　——有特殊要求的化学成分，用该元素符号表示；

$\times_6 \times_7$　——药皮类型、焊接位置及焊接电流类型。

2. 不锈钢焊条型号示例

E308-15

E　　——焊条；

308——熔敷金属的化学成分分类代号；

15 　——焊条为碱性药皮，适用于全位置焊接，直流反接。

$$E410NiMo-26$$

E　　　——焊条；

410 　——熔敷金属的化学成分分类代号；

NiMo——熔敷金属中 Ni 和 Mo 的含量有特殊要求；

26 　　——焊条为碱性药皮，适用于平焊和横焊，采用交流或直流反接。

四、堆焊焊条

堆焊焊条主要用于金属表面的堆焊，其熔敷金属在常温或高温中具有较好的耐磨性和耐蚀性，根据 GB/T984—2001《堆焊焊条》型号表示方法如下。

1. 焊条型号表示方法

$$ED\times_1-\times_2-\times_3\times_4$$

E 　　　——焊条；

D 　　　——表面耐磨堆焊；

$\times_1$ 　　——焊条熔敷金属化学成分分类代号；

$\times_2$ 　　——细分类代号；

$\times_3\times_4$——药皮类型和焊接电流种类。

$$EDGWC-\times_1-\times_2/\times_3$$

E 　　　——焊条；

D 　　　——表面耐磨堆焊；

GWC 　——碳化钨管状焊条；

$\times_1$ 　　——芯部碳化钨粉化学成分分类代号；

$\times_2/\times_3$——碳化钨粉末粒度代号。

2. 堆焊焊条型号举例

$$EDPCrMo-A1-03$$

E 　　　——焊条；

D 　　　——表面耐磨堆焊；

PCrMo——普通低中合金钢类型，含铬钼合金元素；

A1 　　——细分类代号；

03 　　——药皮类型为钛钙型，采用交流或直流焊接。

$$EDGWC-1-12/30$$

E 　　——焊条；

D 　　——表面耐磨堆焊；

GWC——碳化钨管状焊条；

1 　　——碳化钨粉化学成分分类代号；

12/30——碳化钨粉粒度分布为 1.7mm～600μm（－12 目/＋30 目）。

五、铸铁焊条

铸铁焊条主要用于铸铁的焊接或补焊，根据 GB/T10044—2002《铸铁焊条及焊丝》型号表示方法如下。

1. 焊条型号表示方法

$$EZ\times_1\times_2\times_3\text{-}\times_4$$

E ——焊条；

Z ——焊接铸铁用焊条；

$\times_1$——熔敷金属中含有的主要合金元素；

$\times_2$——熔敷金属中含有的主要合金元素，出现 C，表明熔敷金属类型为铸铁；

$\times_3$——熔敷金属中含有的主要合金元素，出现 Q，表明熔敷金属中含有球化剂；

$\times_4$——数字，细类编号。

2. 焊条型号举例

EZNiFeCu

E ——焊条；

Z ——焊接铸铁用焊条；

Ni——熔敷金属中 Ni 为 $45\%\sim60\%$；

Fe——熔敷金属中含铁为余量；

Cu——熔敷金属中 Cu 为 $4\%\sim10\%$。

六、镍及镍合金焊条

镍及镍合金焊条主要用于镍及镍合金的焊接、补焊或堆焊。其中某些焊条可用于铸铁补焊或异种金属的焊接，根据 GB/T13814—1992《镍及镍合金焊条》型号表示方法如下。

1. 焊条型号表示方法

$$E\square\text{-}\times_1\text{-}\times_2\times_3$$

E ——焊条；

□ ——熔敷金属中主要合金元素符号；

$\times_1$ ——同一合金系统焊条细分类序号；

$\times_2\times_3$——焊条药皮类型。

2. 焊条型号举例

ENiCrFe-1-15

E ——焊条；

NiCrFe——熔敷金属中主要元素为镍、铬及铁；

1 ——细分类型号；

15 ——焊条药皮为低氢型，采用直流焊接。

七、铜及铜合金焊条

铜及铜合金焊条用于铜及铜合金的焊接、补焊或堆焊。其中某些焊条可用于铸铁补焊或异种金属的焊接，根据 GB/T3670—1995《铜及铜合金焊条》型号表示方法如下。

1. 焊条型号表示方法

$$E\square_1\text{-}\square_2$$

E ——焊条；

$\square_1$——用元素符号表示的型号分类；

$\square_2$——用字母或数字表示同一分类中不同的化学成分要求。

2. 焊条型号举例

ECuSn-B

E　　——焊条；

CuSn——主要含 Cu、Sn 元素；

B　　——同一分类中不同的化学成分要求。

八、铝及铝合金焊条

铝及铝合金焊条用于铝及铝合金的焊接、补焊或堆焊，根据 GB/T3669—2001《铝及铝合金焊条》型号表示方法如下。

1. 焊条型号表示方法

$$E\text{-}\times_1\times_2\times_3\times_4$$

E　　　　　　——焊条；

$\times_1\times_2\times_3\times_4$——焊芯用的铝及铝合金牌号。

2. 焊条型号举例

$$E1100$$

E　——焊条；

1100——焊芯用的铝及铝合金牌号。

第九章　手工电弧焊焊接工艺

第一节　弧焊电源和焊条的选择

焊条的种类繁多，每种焊条均有一定的特性和用途。选用焊条是焊接准备工作中一个很重要的环节。焊条的选用须在确保焊接结构安全、可行使用的前提下，根据被焊材料的化学成分、力学性能、板厚及接头形式、焊接结构特点、受力状态、结构使用条件对焊缝性能的要求、焊接施工条件和技术经济效益等综合考查后，有针对性地选用焊条，必要时还需进行焊接性试验。

一、选用焊条的基本原则

1. 等强度原则

选用与母材同强度等级的焊条。压力容器焊接接头的等强度应理解为其强度性能不低于母材标准规定的下限值。强度性能包括常温、高温短时强度。实际上，焊接接头的强度值与母材的相应强度值绝对相等是不可能的，而且也无此必要。一般用于焊接低碳钢和低合金钢。

2. 同成分原则

选用与母材化学成分相同或相近的焊条。一般用于焊接耐热钢、不锈钢等金属材料。

3. 抗裂纹原则

选用抗裂性好的碱性焊条，以免在焊接和使用过程中接头产生裂纹。一般用于焊接刚度大、形状复杂、使用中承受动载荷的焊接结构。

4. 抗气孔原则

受焊接工艺条件的限制，如对焊件接头部位的油污、铁锈等清理不便，应选用抗气孔能力强的酸性焊条，以免焊接过程中气体滞留于焊缝中，形成气孔。

5. 等韧性和等塑性原则

在压力容器等重要结构中，塑性和韧性应包括低温塑性和韧性、高温塑性和韧性以及在加工过程中接头应具有的变形能力，并保证多次热处理和长期高温运行后的塑性和韧性。一般结构中是指常温下的塑性和韧性，要求焊条熔敷金属和母材等韧性或相近，因为在实际中焊接结构的破坏大多不是因为强度不够，而是韧性不足。因此焊条选择时强度略低于母材，而韧性要相同或相近。这也是高强钢焊接时的低组配等韧性。

6. 低成本原则

在满足使用要求的前提下，尽量选用工艺性能好、成本低和效率高的焊条。

二、同种钢材焊接时焊条牌号的选用

1. 考虑焊缝金属力学性能和化学成分

对于普通结构钢，通常要求焊缝金属与母材等强度，应选用熔敷金属抗拉强度等于或稍高于母材的焊条。

对于合金结构钢，通常要求焊缝金属的主要合金成分与母材金属相同或相近。

在焊接结构刚性大、接头应力高、焊缝易产生裂纹的不利情况下，应考虑选用比母材强度低的焊条。

当母材中碳、硫、磷等元素的含量偏高时，焊缝中容易产生裂纹，应选用抗裂性能好的碱性低氢型焊条。

2. 考虑焊接构件使用性能和工作条件

对承受载荷和冲击载荷的焊件，除满足强度要求外，主要应保证焊缝金属具有较高的冲击韧性和塑性，可选用塑、韧性指标较高的低氢型焊条。

接触腐蚀介质的焊件，应根据介质的性质及腐蚀特征选用不锈钢类焊条或其他耐腐蚀焊条。在高温、低温、耐磨或其他特殊条件下工作的焊接件，应选用相应的耐热钢、低温钢、堆焊或其他特殊用途焊条。

3. 考虑焊接结构特点及受力条件

对结构形状复杂、刚性大的厚大焊接件，由于焊接过程中产生很大的内应力，易使焊缝产生裂纹，应选用抗裂性能好的碱性低氢焊条。

对受力不大、焊接部位难以清理干净的焊件，应选用对铁锈、氧化皮、油污不敏感的酸性焊条。对受条件限制不能翻转的焊件，应选用适于全位置焊接的焊条。

4. 考虑施工条件和经济效益

在满足产品使用性能要求的情况下，尽量选用电弧稳定、飞溅少、焊缝成形均匀整齐、容易脱渣的工艺性能好的酸性焊条。

在狭小或通风条件差的场合，应选用酸性焊条或低尘焊条。在没有直流电源，而焊接结构又要求必须使用低氢型焊条的场合，应选用交、直流两用低氢型焊条。

对焊接工作量大的结构，有条件时应尽量采用高效率焊条，如铁粉焊条、高效率重力焊条等，或选用底层焊条、立向下焊条之类的专用焊条，以提高焊接生产率。

三、异种钢材焊接时焊条牌号的选用

1. 强度级别不同的碳钢＋低合金钢（或低合金钢＋低合金高强钢）

一般要求焊缝金属或接头的强度不低于两种被焊金属的最低强度，选用的焊条熔敷金属的强度应能保证焊缝及接头的强度不低于强度较低的母材的强度，同时焊缝金属的塑性和冲击韧性应不低于强度较高而塑性较差的母材的性能。因此，可按两者之中强度级别较低的钢材选用焊条。但是，为了防止焊接裂纹，应按强度级别较高、焊接性较差的钢种确定焊接工艺，包括焊接规范、预热温度及焊后热处理等。

2. 低合金钢＋奥氏体不锈钢

应按照对熔敷金属化学成分限定的数值来选用焊条，一般选用铬和镍含量较高的、塑性和抗裂性较好的 Cr25-Ni13 型奥氏体钢焊条，以避免因产生脆性淬硬组织而导致的裂纹。但应按焊接性较差的不锈钢确定焊接工艺及规范。

3. 不锈复合钢板

应考虑对基层、复层、过渡层的焊接要求选用三种不同性能的焊条。对基层（碳钢或低合金钢）的焊接，选用相应强度等级的结构钢焊条。复层直接与腐蚀介质接触，应选用相应成分的奥氏体不锈钢焊条。关键是过渡层（即复层与基层交界面）的焊接，必须考虑基体材料的稀释作用，应选用铬和镍含量较高、塑性和抗裂性好的 Cr25-Ni13 型奥氏体钢焊条。

四、焊条规格的选择

焊条一般要根据焊件的厚度、接头形式、焊缝位置、焊道层次来选择，在不影响焊接质量的前提下，为了提高劳动生产率，一般倾向于选择大直径的焊条。

① 对根部要求均匀焊透的Ⅰ形坡口角接、T形接、搭接焊缝和背面清根封底焊的对接

焊缝，焊条直径可根据焊件厚度进行选用。焊件厚度和焊条直径的关系见表 9-1。

表 9-1　焊件厚度和焊条直径的关系　　　　　　　　　　　　mm

焊件厚度	2	3	4～5	6～12	>13
焊条直径	2.5	3.2	3.2～4	4～5	4～6

② 焊件厚度相同但所处焊接位置不同，应选用不同直径的焊条。如在横焊、立焊焊接时，很少使用直径 5mm 的焊条。

③ 不同的接头形式应选用不同直径的焊条。如 T 形接头、搭接接头，由于散热条件比对接接头好，所以可选用较粗直径的焊条。

④ 开坡口的接头第一层打底焊时应选用直径较细的焊条，如对接接头打底焊时可选用直径 3.2mm 的焊条，其余各层可选用直径 4mm 的焊条。

五、焊接电源的种类和极性的选择

焊接电流有直流、交流和脉冲三种，相应的电源是直流弧焊电源、交流弧焊电源和脉冲弧焊电源。

① 从经济效益考虑，一般交流弧焊电源比直流弧焊电源具有结构简单、制造方便、使用可靠、维修容易、效率高及成本低等一系列优点。因此，在满足技术要求的前提下应优先选用交流弧焊电源。一般情况下，焊接普通低碳钢、低合金钢、民用建筑钢等产品，选用交流弧焊电源。

② 焊条电弧焊（低氢型焊条稳弧性差、必须采用直流弧焊电源）、CO_2 气体保护焊、熔化极氩弧焊、等离子弧焊用直流电源才能施焊；弧焊电源除用于焊接外，还可用于碳弧气刨、等离子切割等工艺。用小电流焊接薄板时，也常用直流弧焊电源，因为引弧比较容易，电弧比较稳定。

③ 在焊接热敏感性大的合金钢、薄板结构、厚板的单面焊双面成形和全位置自动焊中，采用脉冲弧焊电源较为理想。

④ 碱性焊条用直流电焊接时，正接时电弧不稳，飞溅严重，噪声大，一般要用反接，因为反接的电弧比正接稳定。焊接薄板时，不论用碱性焊条还是用酸性焊条，都选用直流反接。酸性焊条使用直流电源焊接厚板时通常采用直流正接。

第二节　焊接工艺参数

焊接工艺规程是指焊接过程中的一整套工艺程序及其技术规定。内容包括：焊接方法、焊前准备加工、装配、焊接材料、焊接设备、焊接顺序、焊接操作、焊接工艺参数以及焊后处理等。焊接工艺规程是保证焊接质量的细则文件，可保证熟练焊工操作时质量的再显现。

焊接工艺参数是指焊接时，为保证焊接质量而选定的诸物理量（例如：焊接电流、电弧电压、焊接速度、热输入等）的总称。焊条电弧焊的焊接工艺参数主要包括焊条直径、焊接电流、电弧电压、焊接速度和预热温度等。选择合适的焊接工艺参数，对提高焊接质量和提高生产效率十分重要。

一、焊接电流

选择焊接电流时，要考虑的因素很多，如：焊条直径、药皮类型、工件厚度、接头类型、焊接位置、焊道层次等。但主要由焊条直径、焊接位置、焊道层次来决定。焊接电流是焊条电弧焊时的主要焊接参数。

焊接电流越大，熔深越大（焊缝宽度和余高变化都不大），焊条熔化速度快，焊接效率也高。焊接电流太大时，飞溅和烟雾大，声音也较大，就像大风吹的一样，焊条尾部易发红，部分药皮的涂层要失效或崩落，机械保护效果变差，容易产生气孔、咬边、烧穿等焊接缺陷，使用过大的焊接电流还会使焊接热影响区晶粒粗大，使接头的塑性下降。

焊接电流太小时，则引弧困难，焊条容易粘接在焊件上，电弧不稳，熔池温度低，经常会在实际操作中出现未焊透、未熔合和夹渣等焊接缺陷，同时过小的电流会严重地造成焊缝成形的不美观，并使生产率降低。

合适的焊接电流，焊接时很容易引弧，电弧燃烧稳定，熔池温度较高，熔渣比较稀，很容易从熔化的熔池中分离，能观察到颜色较暗的液体从熔池中翻出，并向熔池后面集中，熔池较亮，表面稍下凹，但很平稳地向前移动，焊接过程中飞溅较小，能发出用油煎鱼般的声音，操作起来得心应手。因此，选择焊接电流首先应在保证焊接质量的前提下，尽量选用较大的电流，以提高劳动生产率。

焊接电流的选择原则是：

① 根据焊条直径进行选用。焊条直径越粗，焊接电流越大。每种直径的焊条都有一个最合适的电流范围，表9-2是合适的焊接电流与焊条直径之间的参考值。

表 9-2　焊接电流与焊条直径之间的参考值

焊条直径/mm	1.6	2.0	2.5	3.2	4.0	5.0
焊接电流/A	25～45	40～65	50～80	90～130	160～210	200～270

还可以根据选定的焊条直径用下面的经验公式计算焊接电流。

$$I = 10d^2$$

式中　I——焊接电流，A；

　　　d——焊条直径，mm。

② 根据钢板厚度、焊接位置适当调整焊接电流。钢板越厚，焊接热量散失得越快，应选用电流值的上限。立、仰、横焊时应选用较小的电流，通常应比平焊小 10% 左右。

③ 焊接不锈钢时，不锈钢焊芯由于电阻大易发红，为防止焊条药皮发红开裂和减小影响晶间腐蚀的程度，焊接电流应比同样直径的碳钢焊条降低 20% 左右。

④ 焊道层次。打底焊及单面焊双面成形，使用的电流要小一些。碱性焊条选用的焊接电流比酸性焊条小 10% 左右。

总之，电流过大、过小都易产生焊接缺陷。合适的焊接电流是保证焊缝质量的重要因素之一。

二、焊接电压

当焊接电流调好以后，焊机的外特性曲线就决定了。实际上电弧电压主要是由电弧长度来决定的。电弧长，电弧电压高，反之则低。但是根据经验公式，当电流小于 600A 时，电压取 $20+0.04I$。当电流大于 600A 时，电压取 44V。

焊接过程中，电弧不宜过长，否则会出现电弧燃烧不稳定、飞溅大、熔深浅及产生咬边、气孔等缺陷；若电弧太短，容易粘焊条。

一般情况下，在焊接过程中，希望弧长始终保持一致，而且尽可能用短弧焊接。所谓短弧，是指弧长为焊条直径的 0.5～1 倍，超过这个限度即为长弧。电弧长度等于焊条直径的

0.5~1 倍为好，相应的电弧电压为 16~25V。

碱性焊条的电弧长度应不超过焊条的直径，为焊条直径的一半较好，尽可能地选择短弧焊；酸性焊条的电弧长度应等于焊条直径。

三、焊接速度

单位时间内完成的焊缝长度称为焊接速度。熔化焊时，由焊接能源输入给单位长度焊缝上的热量称为热输入。其计算公式如下：

$$Q = nIU/v$$

式中　Q——单位长度焊缝的热输入，J/cm；

　　　I——焊接电流，A；

　　　U——电弧电压，V；

　　　v——焊接速度，cm/s；

　　　n——热效率系数，焊条电弧焊为 0.7~0.8。

热输入对低碳钢焊接接头性能的影响不大，因此，对于低碳钢焊条电弧焊，一般不规定热输入。对于低合金钢和不锈钢等钢种，热输入太大时，接头性能可能降低。热输入太小时，有的钢种焊接时可能产生裂纹。因此，焊接电流和热输入规定之后，焊条电弧焊的电弧电压和焊接速度就间接地大致确定了。

由图 9-1 可以看出，当焊接电流增大或焊接速度减慢使焊接热输入增大时，过热区的晶粒粗大，韧性严重降低；反之，热输入趋小时，硬度虽有提高，但韧性要变差。因此，对于不同钢种和不同焊接方法，存在一个最佳的焊接工艺参数。例如图 9-1 中，20Mn 钢板厚 16mm（堆焊），在热输入 30000J/cm 左右，可以保证焊接接头具有最好的韧性，热输入大于或小于这个数值，都会引起塑性和韧性的下降。

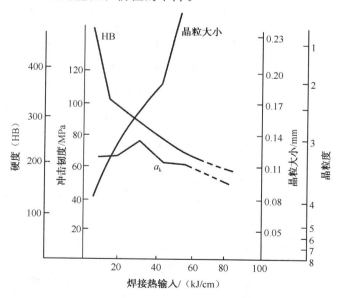

图 9-1　焊接热输入对 20Mn 钢过热区性能的影响

一般要通过试验来确定既可不产生焊接裂纹、又能保证接头性能合格的热输入范围。允许的热输入范围越大，越便于焊接操作。在保证焊缝所要求尺寸和质量的前提下，由操作者灵活掌握，焊接速度以及电压与焊工的运条习惯有关，由焊工根据实际情况制订切实可行的方案。

　　如果焊接速度过慢，使高温停留时间增长，热影响区宽度增加，晶粒变粗，力学性能降低，同时使变形量增大；速度过快，易造成未焊透、未熔合和夹渣、焊缝成形不良等缺陷。

四、焊接顺序安排

　　焊接结构中往往有多条焊缝，在焊接生产过程中，焊缝焊接的先后次序称为焊接顺序。合理的焊接顺序对减小焊接残余应力、控制焊接变形具有重要的意义，尤其是焊接顺序在焊接过程中对变形的控制，起到了至关重要的作用。大型工件在焊接过程中就应用焊接变形对工件的相对位置进行矫正。这一点在生产实践中得到证明。

　　① 对称结构上的对称焊缝，采用对称焊接，最好由多名焊工对称地同时施焊，使正反两方向变形抵消。在生产中会遇到很多结构设计对称的焊件，对称焊接不能完全消除变形，因为焊缝的增加，结构刚度逐渐增大，后焊的焊缝引起的变形比先焊的焊缝小，虽然两者方向相反，但并不能完全抵消，最后仍将保留先焊焊缝的变形方向。

　　② 不对称焊缝，先焊焊缝少的一侧。因为先焊焊缝的变形大，故焊缝少的一侧先焊时，使它产生较大的变形，然后再用另一侧多的焊缝引起的变形来加以抵消，就可以减少整个结构的变形。

　　③ 收缩量最大的焊缝应先焊。如一个结构上有对接缝，又有角接缝时，先焊对接缝，再焊角焊缝，因为对接缝收缩量大。

　　④ 拼板时，先焊错开的短焊缝，再焊直通的长焊缝，如图 9-2 所示。设计时尽量使构件各部分刚度和焊缝均匀布置，对称设置焊缝，减少交叉和密集焊缝。

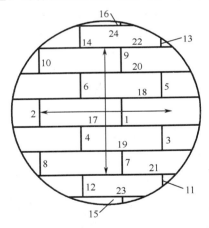

图 9-2　大型容器底部的焊接顺序

　　⑤ 先焊接构件的主焊缝，后焊次要焊缝；先焊对称部位的焊缝，再焊非对称焊缝。

　　⑥ 对尺寸大、焊缝多的构件，采取分层、分段、间断施焊，如图 9-3 所示，并控制电流、速度、方向一致。

　　⑦ 大型构件如形状不对称，应将小部件组焊矫正完变形后，再进行总组装焊接，以减少整体变形；对大型箱梁，可采取先整体组装，先主焊缝，再焊隔板等焊缝，以增大各部分的约束，来限制变形。

　　⑧ 对长焊缝，宜采用分段退焊法或多人对称焊接法，同时宜采用跳焊法，避免工件局部加热集中。手工焊接较长焊缝时，应采用分段退步间断焊接法，由工件的中间向两头退焊，焊接时人员应对称分散布置，避免由于热量集中引起变形。

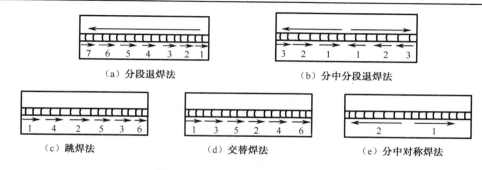

（a）分段退焊法　　　　　　　　　（b）分中分段退焊法

（c）跳焊法　　　　　（d）交替焊法　　　　　（e）分中对称焊法

图 9-3　采用不同焊接顺序的焊法

⑨ 对双面非对称坡口焊接，宜采用先焊深坡口侧部分焊缝、后焊浅坡口侧、最后焊完深坡口侧焊缝的顺序，要保证焊缝的纵向和横向（特别是横向）收缩比较自由，如焊接对接缝焊接方向要指向自由端。

⑩ 对尺寸大、焊缝多的构件，采取分层、分段、间断施焊，并控制电流、速度、方向一致。

⑪ 对焊后易产生角变形的零部件，应在焊前进行预变形处理，如钢板 V 形坡口对接，在焊前将对接口适当垫高，可使焊后变平；H 形钢翼板在角焊缝焊接前，预压反变形，亦可消除焊后变形，如图 9-4 所示。

⑫ 高空作业时，在地面最大限度地进行构件组合，尽可能减少高空拼装焊接量。现场采取"以构件组合成块、成片吊装为主，以散件吊装为辅"的吊装方法。

⑬ 主梁结构面的焊接顺序，先焊主约束，后焊次约束。即先焊主梁拼接段，后焊主梁与铸钢节点的连接；再焊主梁与次梁的连接节点；最后焊接次梁与次梁的连接节点。

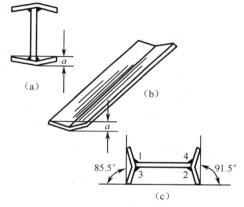

图 9-4　焊接工字梁的反变形措施

⑭ 外焊加固件，增大构件刚性，来限制焊接变形，如图 9-5～图 9-7 所示，加固件的位置应设在收缩应力的反面。

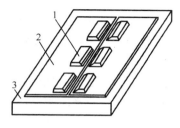

图 9-5　薄板焊接的刚性固定

1—压铁；2—焊件；3—平台

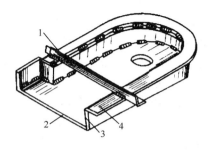

图 9-6　防护罩用临时支撑的刚性固定

1—临时支撑；2—底平板；3—立板；4—圆周法兰盘

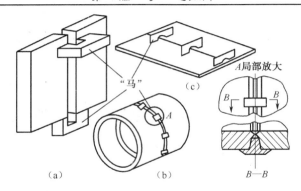

图 9-7　钢板对接焊时的加"马"刚性固定

第三节　焊接热处理

一、预热温度

预热是焊接开始前对被焊工件的全部或局部进行适当加热的工艺措施。预热可以减小接头焊后冷却速度，避免产生淬硬组织，减小焊接应力及变形。它是防止产生裂纹的有效措施。对于刚性不大的低碳钢和强度级别较低的低合金高强钢的一般结构，不必预热。但对刚性大的或焊接性差的容易产生裂纹的结构，如图 9-8 和图 9-9 所示，焊前需要预热。

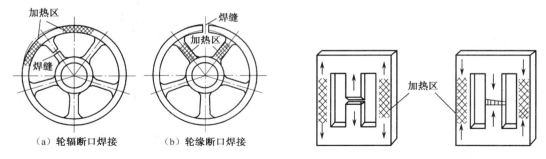

图 9-8　加热减应法焊接　　　　　　　　图 9-9　框架断口焊接

预热温度根据母材的化学成分、焊件的性能、厚度、焊接接头的拘束程度、施焊环境温度以及有关产品的技术标准等综合考虑，重要的结构要经过裂纹试验确定不产生裂纹的最低预热温度。预热温度选得越高，防止裂纹产生的效果越好；但超过必需的预热温度，会使熔合区附近的金属晶粒粗化，降低焊接接头质量，劳动条件也将会更加恶化。整体预热通常用各种炉子加热。局部预热一般采用气体火焰加热或红外线加热。预热温度常用表面温度计测量。

二、焊后热处理

焊后立即对焊件的全部（或局部）进行加热或保温，使其缓冷的工艺措施称为后热。后热的目的是避免形成硬脆组织，以及使扩散氢逸出焊缝表面，从而防止产生裂纹。

焊后为改善焊接接头的显微组织和性能或消除焊接残余应力而进行的热处理称为焊后热处理。焊后热处理的主要作用是消除焊件的焊接残余应力，降低焊接区的硬度，促使扩散氢逸出，稳定组织及改善力学性能、高温性能等。因此，选择热处理温度时，要根据钢材的性能、显微组织、接头的工作温度、结构形式、热处理目的来综合考虑，并通过显微金相和硬度试验来确定。

对于易产生脆断和延迟裂纹的重要结构、尺寸稳定性要求高的结构，以及有应力腐蚀的结构，应考虑进行消除应力退火；对于锅炉、压力容器，则有专门的规程规定，厚度超过一定限度后，要进行消除应力退火。消除应力退火必要时要经过试验确定。铬钼珠光体耐热钢焊后常常需要高温回火，以改善接头组织，消除焊接残余应力。

重要的焊接结构，如锅炉、压力容器等，所制定的焊接工艺需要进行焊接工艺评定，按所设计的焊接工艺而焊得的试板的焊接质量和接头性能达到技术要求后，才正式确定。焊接施工时，必须严格按规定的焊接工艺进行，不得随意更改。严格按照说明书的规定进行烘干，焊前清除焊件上的油污、水分，减少焊缝中氢的含量。选择合理的焊接工艺参数和热输入，减少焊缝的淬硬倾向。焊后立即进行消氢处理，使氢从焊接接头中逸出。对于淬硬倾向高的钢材，焊前预热、焊后及时进行热处理，改善接头的组织和性能。采用降低焊接应力的各种工艺措施。

【技能训练1】 平对接焊

一、焊前准备

① 焊件。Q235 低碳钢钢板或 16Mn 钢板，每组两块，每块长×宽为 300mm×125mm。一种为厚度 3～6mm，准备一组（用于不开坡口）；另一种为 12mm，准备两组（用于开坡口）。

② 焊条。E4303 型和 E5015 型，直径 3.2mm、4.0mm。使用 E5015 型焊条，应在烘干箱中进行 350～400℃烘干，保温 2h，随用随取。

③ 接线。直流弧焊机的二次输出端采用反极性接法，连接焊件的地线要同时接在焊接工位的左右两侧。

④ 焊前需将坡口面和靠近坡口面上、下两侧 20mm 范围内的钢板上的油污、水分及其他污物打磨干净，至露出金属光泽为止。打磨范围如图 9-10 所示。

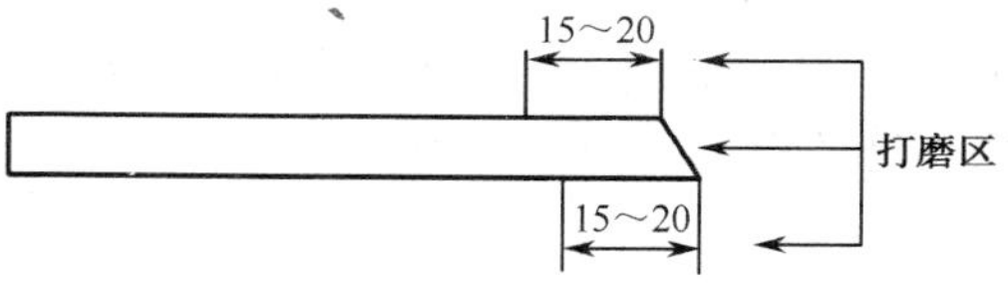

图 9-10　打磨区

二、工件装配定位焊要求

焊前为固定焊件的相对位置进行的焊接操作称为定位焊，俗称点固焊。定位焊形成的短小而连续的焊缝叫定位焊缝，也叫点固焊缝。通常定位焊缝都比较短小，焊接过程中都不去掉，将成为正式焊缝的一部分保留在焊缝中，因此定位焊缝的质量好坏、位置、长度和高度等是否合适，将直接影响正式焊缝的质量及焊件的变形。根据经验，生产中发生的一些重大质量事故，如结构变形大、出现未焊透及裂纹等缺陷，往往是定位焊不合格造成的，因此对定位焊必须引起足够的重视。

1. 定位焊的注意事项

① 必须按照焊接工艺规定的要求焊接定位焊缝。如采用与工艺规定同牌号、同直径的焊条，用相同的焊接工艺参数施焊；若焊接工艺规定焊前需预热，焊后需缓冷，则焊定位焊缝前也要预热，焊后要缓冷。

② 定位焊缝必须保证熔合良好，焊道不能太高，起头和收尾处应圆滑、不能太陡，防止焊缝接头时两端焊不透。

③ 定位焊缝长度、余高、间距见表 9-3。

表 9-3　定位焊缝参考尺寸　　　　　　　　　　　　　　　mm

焊 件 厚 度	定位焊缝余高	定位焊缝长度	定位焊缝间距
≤4	<4	5~10	50~100
4~12	3~6	10~20	100~200
>12	>6	15~30	200~300

④ 定位焊缝不能焊在焊缝交叉处或焊缝方向发生急剧变化的地方，如图 9-11 所示，通常至少应离开这些地方 50mm 才能焊定位焊缝。

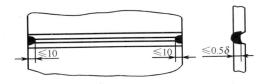

图 9-11　定位焊的位置要求

⑤ 为防止焊接过程中焊件开裂，应尽量避免强制装配，必要时可增加定位焊缝的长度，并减小定位焊缝的间距。

⑥ 定位焊后必须尽快焊接，避免中途停顿或存放时间过长，定位焊用电流可比焊接电流大 10%~15%，防止坡口面生锈或受污染，影响焊缝质量。

2. I 形坡口的装配定位

① I 形坡口平对接焊焊件装配时，应保证两板对接处平齐，无错边。

② 厚度小于 3mm 的薄焊件，焊接时往往会出现烧穿现象，因此装配时可不留间隙，若板厚在 3~6mm，根部间隙在 1~2.5mm，装配时起焊点的间隙应小于终焊点的间隙，以补偿焊缝的横向收缩量，如图 9-12 所示。

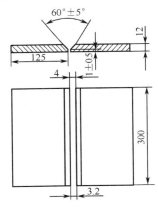

图 9-12　I 形坡口间隙的装配

3. V 形坡口的装配定位

反变形角度可用万能角度尺或焊缝测量器测量，Δ 值可根据焊件板宽算出，如图 9-13 所示。

$$\Delta = b\sin\theta = 125 \times \sin 3° = 125 \times 0.0523 = 6.54 \text{（mm）}$$

式中　Δ——焊件板表面高度差，mm；

　　　　b——焊件板宽，mm；

θ——变形角（按 3°计）。

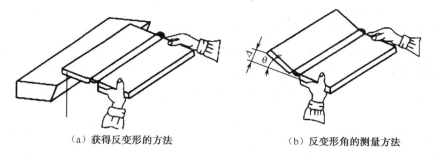

（a）获得反变形的方法　　　　（b）反变形角的测量方法

图 9-13　定位焊时预留反变形

三、焊接工艺参数

① 打底焊。

灭弧法：焊条型号 E4303，直径 3.2mm，焊接电流 105～115A。

连弧法：焊条型号 E5015，直径 3.2mm，焊接电流 85～95A。

② 填充焊。焊条型号 E4303，直径 4.0mm，焊接电流 175～185A。

③ 盖面焊。焊条型号 E4303，直径 4.0mm，焊接电流 170～180A。

四、焊接操作要领

① 在焊接过程中，采用直线形运条或直线往复运条。为了获得较大的熔深和宽度，运条速度可以慢一些或者焊条作微微的搅动。焊条角度如图 9-14 所示。

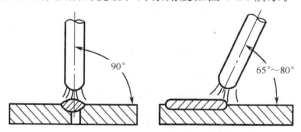

图 9-14　平对接焊操作

② V 形坡口平对接焊与 I 形坡口平对接焊比较，V 形坡口平对接焊需要在坡口内进行多层焊（图 9-15）。焊接第一层焊道选用直径较小的焊条（一般为 2.5mm）。间隙小时，用直线形运条法；间隙大时，用直线往复运条法，以防烧穿。当间隙很大以致无法焊接时，先在坡口两侧各堆敷一条焊道，使间隙变小，然后再在中间施焊。采用这种方法可完成大间隙底层焊道的焊接，如图 9-16 所示。

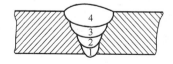　　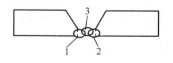

图 9-15　V 形坡口的多层焊　　　图 9-16　缩小间隙焊法

③ 运条过程中，如果发现熔渣与熔化金属混合不清，可把电弧拉长，同时将焊条向前倾斜，利用电弧的吹力吹动熔渣，并做熔池后面推送熔渣的动作。动作要快捷，以避免熔渣超前，产生夹渣等缺陷。

④ 操作中采用短弧和快速直线往复运条法，为避免焊件局部温度过高，可以分段焊接。

必要时也可以将焊件一头垫起，使其倾斜 5°～10°。进行下坡焊，这样可以提高焊接速度，减小熔深，防止烧穿和减小变形。

⑤ 底层焊接之后，清理干净熔渣，陆续焊接以后各层。此时应选用 4mm 或 5mm 直径的焊条，焊接电流也应相应加大。第二层焊道如不宽，可采用直线形或小锯齿形运条，以后各层采用锯齿形运条，但摆动幅度应逐渐加宽。摆动到坡口两侧时，焊条稍作停顿，以保证与母材的良好熔合。表面焊时应通过焊条的摆动，熔合坡口两侧 1～1.5mm 的边缘，以控制焊缝宽度。

⑥ 应注意每层焊道控制在 3～4mm 的厚度，各层之间的焊接方向相反，其接头相互错开 30mm，同时要控制层间温度，最好不要超过 180℃，以保证焊接接头的各项力学性能指标。

⑦ I 形坡口对接平焊：当板厚小于 6mm 时，一般采用 I 形坡口对接平焊。采用双面双道焊，焊条直径 3.2mm。焊接正面焊缝时，采用短弧焊，使熔深为工件厚度的 2/3，焊缝宽 5～8mm，余高应小于 1.5mm，如图 9-17 所示。

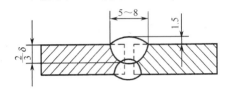

图 9-17　I 形坡口对接焊缝的尺寸要求

⑧ 焊接反面焊缝时，将焊件翻过来，背面向上，焊一般构件时，不必清焊根，但要将正面焊缝背面上的熔渣清除干净，然后再焊接，焊接电流可大一些。焊重要构件时，焊件翻身后必须清根，并将沟槽内的金属氢化物打磨干净，直到露出金属光泽后才能焊接。

⑨ 打底焊的方法主要有灭弧法和连弧法两种。其中灭弧法采用 E4303（J422）焊条进行焊接；连弧法采用 E5015（J507）型焊条进行焊接。

a. 灭弧法：主要通过调节燃弧和熄弧的时间，来控制熔池的温度、形状和填充金属的薄厚，以获得良好的背面成形和内部质量。焊接时，采用短弧操作，电弧击穿背面时，焊条需要靠近坡口的根部，使电弧作用到焊件的反面。

- 焊接电流：$I=105～115A$。
- 引弧：将不留钝边（预留 3.2mm 和 4.0mm 的间隙）的一副试板水平放置，间隙较小的一端作为始焊端（置于左翻）进行焊接。引弧时焊条从定位焊点开始引弧，引弧后迅速将电弧拉长，并作轻轻摆动，先预热始焊部位，时间 2～3s，然后将电弧压向坡口间隙根部，此时焊条与焊件之间的前倾角为 60°～70°，待听到击穿声后，立即灭弧，使之形成第一个熔孔座，如图 9-18 所示。

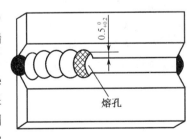

图 9-18　熔孔位置及大小

- 正常焊接。在第一个熔池约有 2/3 的金属处于凝固状态时，迅速在熔池 2/3 位置沿左侧或右侧钝边处引弧击穿施焊 1～2s，然后灭弧。灭弧间断时间为 1～1.5s，观察熔孔的大小，以两侧钝边熔化 1.5～2mm 为宜。这样左右击穿，直到一根焊条焊完为止。
- 更换焊条接头。

冷接法：更换焊条时，将收弧处的熔渣清理干净，换上焊条后，在原熔池前坡口内侧 10～15mm 处引弧（划擦法），并在熔池尾部长弧预热，之后迅速压低电弧，沿焊缝方向作横向摆动。当电弧覆盖原熔池时，及时调整焊条与焊接方向的角度 30°～50°，并将电弧压向背面，使之击穿，然后按正常焊接的方法进行焊接。

热接法：当熔池还处在红热状态时迅速更换焊条，接头时，基本无需对接头部位进行预热，焊条角度也无需调整。

- 收弧：当焊条长度只剩 40～50mm 时，要准备作好收弧的动作。收弧前，先稍拉长电弧，然后在熔池中轻轻点焊 2～3 下再将电弧熄灭。

b. 连弧法：将留有钝边（预留 3mm 和 3.5mm 的间隙）的一副试板水平放置，间隙较小的一端作为始焊端（置于左侧）进行连弧法打底焊。

- 焊接电流：$I=85～95A$。
- 引弧：在定位焊缝上进行引弧，当焊条运行至定位焊缝尾部时，稍将电弧拉长，预热始焊部位坡口间隙，然后将电弧压向坡口根部，当听到击穿声时，将焊条与焊接方向的倾角变为 55°～65°，并作横向摆动进行焊接。
- 正常焊接：采用月牙形或锯齿形运条，焊条与焊接方向的倾角变为 55°～65°。运条过程中，电弧应在坡口两侧稍作停顿（时间约 0.5s），焊条的端部始终置于距离坡口根部 2～3mm 的地方，焊条在向前运行的过程中，要始终与熔池保持贴附状态，保证 2/3 的液态金属送入正面熔池，1/3 的液态金属送入反面熔池。在焊接过程中，若熔池温度升高（熔孔加大），可适当增加焊条倾斜角度，同时焊条端部距坡口根部的距离加大 0.5mm。
- 更换焊条接头。

冷接法：可用角向磨光机将收弧处焊缝打磨成斜坡状，然后在斜坡前端 10～15mm 处引弧（划擦法），引弧后把电弧移到斜坡顶端并迅速压低电弧，此时焊速不可太快，当焊至斜坡根部时下压电弧，听到击穿声后稍作停顿，焊条作横向摆动，恢复正常焊接。

热接法：在熔池还处在红热状态时迅速更换焊条，在距原熔池 10～15mm 的坡口内侧进行引弧，电弧引燃后迅速移到熔池尾部，压低电弧焊接，焊至坡口根部时下压电弧，听到击穿声后稍作停顿，焊条作横向摆动，恢复正常焊接。

- 收弧：更换焊条时收弧应先将电弧下压，使熔孔稍微增大后再回焊 10～15mm，在坡口的一侧灭弧。焊接结束时收弧与灭弧法相似。

注意：平对接打底焊时，判断和控制反面焊缝成形的关键为：听电弧击穿反面的"噗、噗"声（若无"噗、噗"声则为未击穿），观察及控制熔孔的大小。

⑩ 清理。

将完成的焊件焊缝表面及飞溅清理干净，至露出金属光泽。

⑪ 操作注意问题。

打底焊应将坡口反面的间隙处架空。

随着焊接过程的进行，应加快焊接速度以及减少燃弧过程中的焊接时间。

⑫ 填充层和盖面层的焊接。

开坡口的接头，其焊接往往需要多层或多层多道焊才能完成。V 形坡口焊缝可分为打底层焊缝、填充层焊缝和盖面层焊缝三部分。其中填充层焊缝和盖面层焊缝的焊接对于控制焊接质量和焊缝表面成形十分重要。

　　a. 填充层的焊接：焊接电流为 180A 左右，运条采用锯齿形运条，焊接时，焊条摆幅适当增大，在坡口两侧停留时间稍长一些，保证坡口两侧有一定的熔深，使填充层的焊道表面稍向下凹。最后一道填充层焊缝的高度应低于母材表面 0.5～1.5mm，最好略呈凹形，注意不能熔化坡口两侧的棱边，便于盖面层焊接时能够看清坡口。

　　b. 盖面层的焊接：盖面层焊接电流与填充层相同，其焊条角度、运条方法以及接头方法和填充层相同。焊条摆动时幅度要比填充层大，且注意摆动幅度一致，运条速度均匀。焊接时要注意观察坡口两侧变化情况，注意控制每次焊条摆动至两边时熔化幅度一致。

　　注意：填充层电弧在两侧需停留足够的时间，防止焊缝呈凸起形，最后一道填充焊道不可超出坡口棱边是关键。

五、评分标准

　　评分标准见表 9-4。

表 9-4　评分标准

序　号	考核内容	考核要点	配　分	评分标准	检测结果	得　分
1	焊前准备	劳动着装及工具准备齐全，并符合要求，参数设置、设备调试正确	5	工具及劳保着装不符合要求，参数设置、设备调试不正确有一项扣 1 分		
2	焊接操作	试件固定的空间位置符合要求	10	试件固定的空间位置超出规定范围不得分		
3	焊缝外观	两面焊缝表面不允许有焊瘤、气孔和烧穿等缺陷	10	出现任何一种缺陷不得分		
		焊缝咬边深度≤0.5mm，两侧咬边总长度不超过焊缝有效长度的 15%	8	① 咬边深度≤0.5mm 累计长度每 5mm 扣 1 分 累计长度超过焊缝有效长度的 15% 不得分 ② 咬边深度＞0.5mm 不得分		
		未焊透深度≤15%δ 且≤1.5mm，总长度不超过焊缝有效长度的 10%	8	① 未焊透深度≤15%δ 且≤1.5mm，累计长度超过焊缝有效长度的 10% 不得分 ② 未焊透深度超标不得分		
		背面凹坑深度≤25%δ 且≤1mm，总长度不超过焊缝有效长度的 10%	4	① 背面凹坑深度≤25%δ 且≤1mm，背面凹坑长度每 5mm 扣 1 分 ② 背面凹坑深度＞1mm 时不得分		
		双面焊缝余高 0～3mm，焊缝宽度比坡口每侧增 0.5～2.5mm，宽度误差≤3mm	10	每种尺寸超差一处扣 2 分，扣满 10 分为止		
		错边≤10%δ	5	超差不得分		
		焊后角变形误差≤3°	5	超差不得分		

续表

序　号	考核内容	考核要点	配　分	评分标准	检测结果	得　分
4	内部质量	X射线探伤	30	Ⅰ级片不扣分，Ⅱ级片扣分，Ⅲ级片不得分		
5	其他	安全文明生产	5	设备、工具复位，试件、场地清理干净，有一处不符合要求扣1分		
6	定额	操作时间		每超1min从总分中扣2分		
合计			100			
否定项		① 焊缝表面存在裂纹、未熔合缺陷 ② 焊接操作时任意更改试件位置 ③ 焊缝原始表面破坏 ④ 焊接时间超出定额的50%				
参数说明		δ为试件厚度				

【技能训练 2】 立对接焊

立焊时，液态金属在重力作用下下坠，容易产生焊瘤，焊缝成形困难。立焊打底焊时，熔池金属和熔渣在重力作用下易分离，熔渣下淌会造成熔池部分脱离熔渣的保护，操作或运条不当，容易产生气孔。因此，立焊时要控制焊条角度和进行短弧焊接。

一、焊前准备

① 焊件。Q235 低碳钢钢板，每组两块，每块长×宽为 300mm×125mm，厚度 12mm，坡口角度 60°。

② 焊条。E4303（J422）型，直径 3.2mm、4.0mm。

③ 接线。直流弧焊机的二次输出端采用反极性接法，连接焊件的地线要同时接在焊接工位的左右两侧，或用 BX250 型交流弧焊机。

④ 焊前需将坡口面和靠近坡口面上、下两侧 20mm 范围内的钢板上的油污、水分及其他污物打磨干净，至露出金属光泽为止。

二、装配和定位焊

坡口角度 60°；始焊端根部间隙 3.2mm，终焊端根部间隙 4.0mm；钝边 2mm，反变形量 2°～3°；错边量≤1mm。焊接位置：试板固定在垂直面内，间隙垂直于地面，间隙小的一端在下面。

三、焊接工艺参数

① 打底层焊。E4303（J422），ϕ3.2mm 焊条，焊接电流 100～110A。

② 填充焊。E4303（J422），ϕ4.0mm 焊条，焊接电流 170～180A。

③ 盖面焊。E4303（J422），ϕ4.2mm 焊条，焊接电流 170～180A。

四、V 形坡口立对接焊操作要领

1. 立焊跳弧法

当熔滴过渡到熔池后，立即将电弧向焊接方向（向上）挑起，弧长不超过 6mm，如

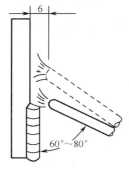

图 9-19　立焊挑弧法

图 9-19所示，但电弧不熄灭，使熔池金属凝固，等熔池颜色由亮变暗时，将电弧立刻拉回到熔池，当熔滴过渡到熔池后，再向上挑起电弧。如此不断地重复进行。其节奏应该有规律，落弧时，熔池体积应尽量小，但熔合状况要好；挑弧时，熔池温度要掌握好，适时下落很重要。适用范围：立焊时，一般在焊件根部间隙不大，而且不要求背面焊缝成形的焊道，采用挑弧法。

2. 打底层焊灭弧法

打底层焊接时，要求单面焊双面成形，为得到良好的背面成形和优质焊缝，应采用灭弧法，控制引弧位置，开始焊接时，在试板下端定位焊缝上面 10～20mm 处引燃电弧，并迅速向下拉到定位焊缝上，预热 1～2s 后，电弧开始摆动并向上运动，到定位焊缝上端时，稍加大焊条角度，并向前送焊条压低电弧，当听到击穿声形成熔孔后，作锯齿形横向摆动，连续向上焊接。焊接时，电弧要在两侧的坡口面上稍停留，以保证焊缝与母材熔合良好。

焊接电弧应控制短些，运条速度要均匀，向上运条时的间距不宜过大，过大时背面焊缝易产生咬边，应使焊接电弧的1/3对着坡口间隙，电弧的2/3要覆盖在熔池上，形成熔孔。

① 打底层焊时焊条与试板间的角度与电弧对中位置如图 9-20 所示。

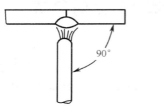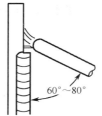

图 9-20　立对接焊时焊条角度

② 灭弧法操作过程：在始焊端定位焊缝上部10～20mm 处引弧，然后迅速将电弧移回到定位焊缝上，采用稍长的电弧预热焊件2～3s后，再将电弧压向坡口根部，当听到电弧击穿声后即向左右两侧作月牙形摆动，然后将电弧熄灭，形成第一个熔孔座。焊接时采用一点击穿法。

正常焊接在第一个熔孔座形成后立即灭弧，当熔池的颜色由亮变暗时，再将电弧引燃，如此重复引弧—击穿—灭弧，直至一根焊条焊完为止。

③ 控制熔孔大小和形状。合适的熔孔大小如图 9-21 所示。向上立焊熔孔可以比平焊时稍大些，熔池表面呈水平的椭圆形较好，如图 9-22（a）所示。此时焊条末端离试板底平面1.5～2mm，大约有一半电弧在试板间隙后面燃烧。

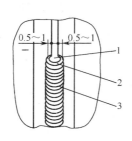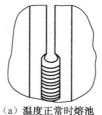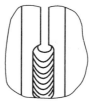

图 9-21　向上立焊时的熔孔　　　图 9-22　熔池形状
1—熔孔；2—熔池；3—焊缝

（a）温度正常时熔池为水平椭圆形　（b）温度高时熔池向下凸出

焊接过程中，电弧尽可能短些，使焊条药皮熔化时产生的气体和熔渣能可靠地保护熔池，防止产生气孔。每当焊完一根焊条收弧时，应将电弧向左或右下方回拉 $10\sim15\mathrm{mm}$，并将电弧迅速拉长直至熄灭，这样可避免弧坑处出现缩孔，并使冷却后的熔池形成一个缓坡，有利于接头。

④ 控制好接头质量。打底层焊道上的接头好坏，对背面焊道的影响最大，接不好头可能会出现凹坑，局部凸起太高，甚至产生焊瘤，要特别注意。在更换焊条进行中间接头时，可采用热接法或冷接法。

⑤ 采用热接法时，更换焊条要迅速，在前一根焊条的熔池还没有完全冷却、仍是红热状态时立即接头，焊条角度比正常焊接时约大 $10°$，在熔池上方约 $10\mathrm{mm}$ 的一侧坡口面上引弧。电弧引燃后立即拉回到原来的弧坑上进行预热，然后稍作横向摆动，向上施焊，并逐渐压低电弧，待填满弧坑、电弧移至熔孔处时，将焊条向试件背面压送，并稍停留。当听到击穿声形成新熔孔时，再横向摆动，向上正常施焊，同时将焊条恢复到正常焊接时的角度。采用热接法的接头，焊缝较平整，可避免接头脱节和未接上等缺陷，但技术难度大。

⑥ 采用冷接法施焊前，先将收弧处焊缝打磨成缓坡状（斜面），然后按热接法的引弧位置、操作方法进行焊接。

3. 焊填充层焊道

关键是保证熔合好，焊道表面要平整。一般采用的运条方法有锯齿形运条法和月牙形运条法。运条方法选定后，焊接时要合理地运用焊条的摆动幅度、摆动频率，以控制焊条上移的速度，掌握熔池温度和形状的变化。

① 填充层施焊前，应将打底层焊道的焊渣和飞溅清理干净。焊缝接头处的焊瘤等，打磨平整。施焊时的焊条与焊缝角度比打底层焊道应下倾 $10°\sim15°$，以防止由于熔化金属重力作用下淌，造成焊缝成形困难和形成焊瘤。

② 运条方法与打底层焊相同，采用锯齿形横向摆动，如图 9-23 所示，但由于焊缝的增宽，焊条摆动的幅度应较打底层焊道宽。焊条从坡口一侧摆至另一侧时应稍快些，防止焊缝形成凸形。焊条摆动到两侧时要稍作停顿，电弧控制短些，保证焊缝与母材熔合良好和避免夹渣。但焊接对，须注意不能损坏坡口的棱边。

4. 盖面层施焊

关键是焊道表面成形尺寸和熔合情况，防止咬边和接不好头。

盖面层施焊前，应将前一层的焊渣和飞溅清除干净，施焊的焊条角度、运条方法均与填充层焊时相同，如图 9-24 所示。但焊条水平摆动幅度比填充层更宽。施焊时，应注意运条速度要均匀，宽窄要一致，焊条摆动到坡口两侧时，应将电弧进一步压低，并稍作停顿、避免咬边，从一侧摆至另一侧时，应稍微快些，防止产生焊瘤。

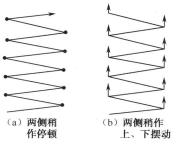

（a）两侧稍
作停顿

（b）两侧稍作
上、下摆动

图 9-23　锯齿形运条法示意图

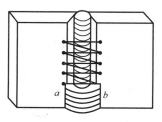

图 9-24　盖面焊运条法

5. 清理

将完成的焊件焊缝表面及飞溅清理干净，至露出金属光泽。

五、评分标准

评分标准见表 9-5。

表 9-5　评分标准

序　号	考核内容	考核要点	配　分	评分标准	检测结果	得　分
1	焊前准备	劳动着装及工具准备齐全，并符合要求，参数设置、设备调试正确	5	工具及劳保着装不符合要求，参数设置、设备调试不正确有一项扣1分		
2	焊接操作	试件固定的空间位置符合要求	10	试件固定的空间位置超出规定范围不得分		
3	焊缝外观	两面焊缝表面不允许有焊瘤、气孔和烧穿等缺陷	10	出现任何一种缺陷不得分		
		焊缝咬边深度≤0.5mm，两侧咬边总长度不超过焊缝有效长度的15%	8	① 咬边深度≤0.5mm 累计长度每5mm扣1分 累计长度超过焊缝有效长度的15%不得分 ② 咬边深度>0.5mm不得分		
		未焊透深度≤15%δ且≤1.5mm，总长度不超过焊缝有效长度的10%	8	① 未焊透深度≤15%δ且≤1.5mm，累计长度超过焊缝有效长度的10%不得分 ② 未焊透深度超标不得分		
		背面凹坑深度≤25%δ且≤1mm，总长度不超过焊缝有效长度的10%	4	① 背面凹坑深度≤25%δ且≤1mm，背面凹坑长度每5mm扣1分 ② 背面凹坑深度>1mm时不得分		
		双面焊缝余高0~3mm，焊缝宽度比坡口每侧增0.5~2.5mm，宽度误差≤3mm	10	每种尺寸超差一处扣2分，扣满10分为止		
		错边≤10%δ	5	超差不得分		
		焊后角变形误差≤3°	5	超差不得分		
4	内部质量	X射线探伤	30	Ⅰ级片不扣分，Ⅱ级片扣分，Ⅲ级片不得分		
5	其他	安全文明生产	5	设备、工具复位，试件、场地清理干净，有一处不符合要求扣1分		
6	定额	操作时间		每超1min从总分中扣2分		
合计			100			

续表

序　号	考核内容	考核要点	配　分	评分标准	检测结果	得　分
	否定项	① 焊缝表面存在裂纹、未熔合缺陷 ② 焊接操作时任意更改试件位置 ③ 焊缝原始表面破坏 ④ 焊接时间超出定额的 50%				
	参数说明	δ 为试件厚度				

【技能训练 3】 横对接焊

一、焊前准备

① 焊件。低碳钢钢板，规格尺寸为 300mm×125mm×12mm，开 30°V 形坡口，每组两块，用锉刀加工出 1～2mm 的钝边。

② 焊条。E4303 （J422），直径为 2.5mm、3.2mm。

③ 焊机。BX1-315 型焊机或 ZX5-400 型焊机。

④ 工件清理。将焊件待焊处 20mm 范围内除锈、去污，至露出金属光泽。

二、装配及定位焊

将清理后的焊件（两块）放置于平台上，留出始焊端 3.2mm 和终焊端 4mm 的间隙，预留 6°～8°的反变形，错边量≤1mm。板对接横位单面焊双面成形焊件应垂直固定在焊接支架上，保证接口呈水平位置，坡口上缘与焊工视线平齐。间隙小的一端放在左侧。

三、焊接工艺参数

① 打底焊：焊条直径 2.5mm，焊接电流 70～80A。

② 填充焊：焊条直径 3.2mm，焊接电流 140～150A。

③ 盖面焊：焊条直径 3.2mm，焊接电流 120～130A。

④ 焊道分布。单面焊，四层七道，如图 9-25 所示，右焊法。

⑤ 焊条角度与电弧对中位置如图 9-26 所示。

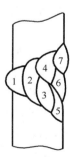

图 9-25　平板对接横焊焊道分布

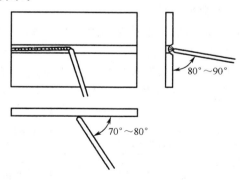

图 9-26　平板对接横焊时的焊条角度与电弧对中位置

四、横对接焊操作要领

1. 打底层焊灭弧法

为保证打底层焊道获得好的背面焊缝成形，电弧要控制短些，焊条摆动、向前移动的距离不宜过大，焊条在坡口两侧停留时要注意，上坡口停留的时间要稍长，焊接电弧的 1/2 保持在熔池前，用来熔化和击穿坡口的根部。电弧的 1/2 覆盖在熔池上，并保持熔池的形状和大小基本一致，还要控制熔孔的大小，使上坡口面熔化 1～1.5mm。下坡口面熔化约0.5mm，保证坡口根部熔合好，如图 9-27 所示。施焊时，若下坡口面熔化太多，试板背面焊道易出现下坠或产生焊瘤。

引弧自间隙小的一端始焊，在始焊端引弧，电弧引燃后稍稍拉长，预热 2～3s 后，压低电弧作上下斜拉摆动（见图 9-28）。当焊至坡口间隙部位时，将电弧推向背面，此时焊条角度由预热焊时的与焊接方向成 70°～80°，调整为 40°～50°，当形成一个可从坡口上侧清晰观察到的熔孔后，立即灭弧。

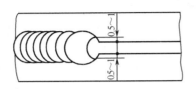

图 9-27　熔孔

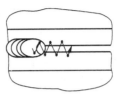

图 9-28　打底焊的运条方法

然后依次先上坡口、后下坡口往复击穿灭弧。灭弧时，焊条向后下方快速动作，要干净利落。在从灭弧转入引弧时，焊条要接近熔池，待熔池温度下降、颜色由亮变暗时，迅速而准确地在原熔池上引弧焊接片刻，再马上灭弧。如此反复地引弧—焊接—灭弧—准备—引弧。焊接时要求下坡口面击穿的熔孔始终超前上坡口面熔孔 0.5～1 个熔孔直径，这样有利于减少熔池金属下坠，避免出现熔合不良的缺陷。

更换焊条时接头方法有热接法和冷接法两种。

采用热接法时，更换焊条要快，在熔池尚处于红热状态时，在熔池前方 10～15mm，坡口边缘上侧引弧，然后立即将电弧拉回熔池上端，并压低电弧，向前移动，当听到电弧击穿的声音后稍作停顿，形成新的熔孔后立即断弧。

采用冷接头时，先将收弧处的熔渣和飞溅清理干净，然后在熔池前方 10～15mm 的坡口边缘引弧，引弧后适当拉长电弧，再拉回到原灭弧部位稍后 10mm 的地方，压低电弧，作斜锯齿形摆动，至弧坑部位时将电弧压向反面，听到击穿声后稍作停顿、灭弧。再次引弧要迅速，比正常焊接时要快。

收弧时须向熔池轻轻补充几滴液态金属，然后将电弧拉向正面熔池后侧灭弧。

2. 打底层焊连弧法

用于间隙较小、未开钝边的 V 形坡口，引弧与灭弧焊相同。焊条角度如图 9-29 所示，正常焊接采用斜锯齿形运条。焊接时，焊条要作上下摆动，运条至坡口两侧时稍作停顿，在坡口上侧停留时间要比下侧停留时间稍长。注意熔孔尺寸，应保持熔孔深入上侧坡口不大于 1mm，深入下侧坡口不大于 0.5mm。焊接过程中，如出现熔孔增大时，应迅速回焊 10～15mm，并加大焊条与焊接方向的倾斜角度和加大焊条上下摆动的幅度，压低电弧，向前焊接，待熔孔的尺寸恢复正

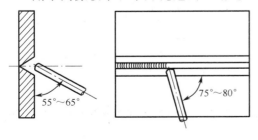

图 9-29　连弧焊焊条角度

常后，焊条的角度和摆动的幅度也随之恢复正常。焊接过程中应使电弧的 1/3 作用于熔池的前端，击穿坡口根部，2/3 覆盖在熔池上。

接头和灭弧法相同，收弧时焊条由坡口下侧运至上侧，并在边缘回焊 10～15mm，然后灭弧。

3. 填充焊

焊填充层焊道时，必须保证熔合良好，防止产生未熔合及夹渣。填充层焊道施焊前，先将打底层焊道的焊渣及飞溅清除干净，焊接接头过高的部分打磨平整，然后进行填充层焊接。第一层填充焊道为单层单道，焊条的角度与填充层相同，但摆幅稍大。

4. 盖面焊

盖面层施焊时，焊条与试件的角度与电弧对中位置如图 9-30 所示。焊条与焊接方向的角度与打底层焊相同，盖面层焊缝共三道，依次从下往上焊接，是接头的最后一条焊道，操作不当容易产生咬边、铁水下淌。施焊时，应适当增大焊接速度或减小焊接电流，将铁水均匀地熔合在坡口的上边缘，适当调整运条速度和焊条角度，避免铁液下淌、产生咬边，以得到整齐、美观的焊缝。

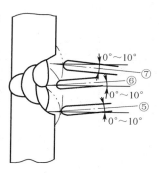

图 9-30 盖面层焊道的焊条角度与电弧对中位置

五、评分标准

评分标准见表 9-6。

表 9-6 评分标准

序号	考核内容	考核要点	配分	评分标准	检测结果	得分
1	焊前准备	劳动着装及工具准备齐全，并符合要求，参数设置、设备调试正确	5	工具及劳保着装不符合要求，参数设置、设备调试不正确有一项扣 1 分		
2	焊接操作	试件固定的空间位置符合要求	10	试件固定的空间位置超出规定范围不得分		
3	焊缝外观	两面焊缝表面不允许有焊瘤、气孔和烧穿等缺陷	10	出现任何一种缺陷不得分		
		焊缝咬边深度≤0.5mm，两侧咬边总长度不超过焊缝有效长度的 15%	8	① 咬边深度≤0.5mm 累计长度每 5mm 扣 1 分 累计长度超过焊缝有效长度的 15% 不得分 ② 咬边深度＞0.5mm 不得分		
		未焊透深度≤15%δ 且≤1.5mm,总长度不超过焊缝有效长度的 10%	8	① 未焊透深度≤15%δ 且≤1.5mm,累计长度超过焊缝有效长度的 10% 不得分 ② 未焊透深度超标不得分		
		背面凹坑深度≤25%δ 且≤1mm,总长度不超过焊缝有效长度的 10%	4	① 背面凹坑深度≤25%δ 且≤1mm,背面凹坑长度每 5mm 扣 1 分 ② 背面凹坑深度＞1mm 时不得分		

序　号	考核内容	考核要点	配　分	评分标准	检测结果	得　分
3	焊缝外观	双面焊缝余高 0～3mm，焊缝宽度比坡口每侧增 0.5～2.5mm，宽度误差 ≤3mm	10	每种尺寸超差一处扣 2 分，扣满 10 分为止		
		错边≤10%δ	5	超差不得分		
		焊后角变形误差≤3°	5	超差不得分		
4	内部质量	X 射线探伤	30	Ⅰ级片不扣分，Ⅱ级片扣分，Ⅲ级片不得分		
5	其他	安全文明生产	5	设备、工具复位，试件、场地清理干净，有一处不符合要求扣 1 分		
6	定额	操作时间		每超 1min 从总分中扣 2 分		
合计			100			
否定项	① 焊缝表面存在裂纹、未熔合缺陷 ② 焊接操作时任意更改试件位置 ③ 焊缝原始表面破坏 ④ 焊接时间超出定额的 50%					
参数说明	δ 为试件厚度					

【技能训练 4】水平管对接焊

水平固定管焊接要通过仰、立、平焊三种位置，亦称全位置焊接。因为焊缝是环形的，焊接过程中要随焊缝空间位置的变化而相应调整焊条角度，才能保证正常操作，因此操作有一定难度。

一、焊前准备

① 焊件。低碳钢钢管，规格尺寸为 100mm×300mm×6mm，开 30°V 形坡口，每组两根，用锉刀加工出 1～2mm 的钝边。

② 焊条。E4303（J422），直径为 2.5mm、3.2mm。

③ 焊机。BX1-315 型焊机或 ZX5-400 型焊机。

④ 工件清理。将焊件待焊处 20mm 范围内除锈、去污，至露出金属光泽。

二、装配及定位焊

① 管子轴线中心必须对正，内外壁要齐平。根部间隙一般为 2.5～3.2mm。

② 管径不同时，定位焊缝所在位置和数目也不同。

小管（≤φ51mm）定位焊一处，在后半部（焊接时，管子分两半焊接，后焊的一半叫后半部）的焊口斜平位置上，如图 9-31（a）所示。

中管（φ51～133mm）定位焊两处，在平位和后半部的立位位置上，如图 9-31（b）所示。

大管（≥φ133mm）定位焊三处，如图 9-31（c）所示。有时也可以不在坡口根部进行定位焊，以避免定位焊缝给打底焊带来不便，而利用连接板在管外壁装配临时定位，如图 9-31 (d) 所示。

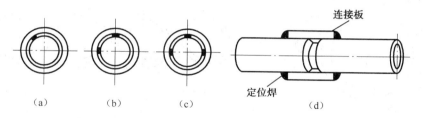

图 9-31　固定管装配定位示意图

三、焊接工艺参数

① 打底焊：焊条直径 2.5mm，焊接电流 75～85A。

② 填充焊：焊条直径 3.2mm，焊接电流 110～120A。

③ 盖面焊：焊条直径 3.2mm，焊接电流 110～120A。

④ 焊条角度与电弧对中位置如图 9-32 所示。

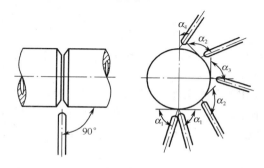

图 9-32　水平固定管焊接时的焊条角度与电弧对中位置

$\alpha_1 = 80°\sim85°$；$\alpha_2 = 100°\sim105°$；$\alpha_3 = 100°\sim110°$；$\alpha_4 = 10°\sim20°$

四、焊接操作要领

水平固定管焊接，常从管子仰位开始分两半焊接，先焊的一半叫前半部，后焊的一半叫后半部，两半部焊接都按仰—立—平位的顺序进行，这样的焊接顺序有利于对熔化金属与熔渣的控制，便于焊缝成形。

① 先焊前半部时，起焊和收弧部位都要超过管子垂直中心线 5～10mm（图 9-33），以便于焊接后半部时接头。

② 焊接从仰位开始，起焊时在坡口内引弧并把电弧引至间隙中，电弧尽量压短 1s 左右，使弧柱透过内壁熔化并击穿坡口的根部，听到背面电弧的击穿声，立即灭弧，形成第一个熔池。当熔池降温颜色变暗时，再压低电弧向上顶，形成第二个熔池，如此反复均匀地点射给送熔滴、向前施焊。这样逐步将钝边熔透，使背面成形，直至将前半部焊完。

③ 后半部的操作方法与前半部相似，但要进行仰位、平位的两处接头焊接。仰位接头时，应把起焊处的较厚焊缝用电弧割成缓坡形（有时也可以用角形砂轮机或扁铲等工具修整出缓坡）。操作时先用长弧烤热接头，当出现熔化状态［图 9-34 (a)］时立即拉平焊条，压住熔化金属，通过焊条端头的推力和电弧的吹力把过厚的熔化金属去除而形成一缓坡，割槽如图 9-34 (b)、(c) 所示，如果一次割不出缓坡，可以多做几次。然后马上把拉平的焊条角度调整为正常焊接的角度，如图 9-34 (d) 所示，进行仰位接头焊接。切忌灭弧，必须将焊条

向上顶一下，以击穿熔化的根部形成熔孔，使仰位接头完全熔合，转入正常的灭弧击穿焊接。

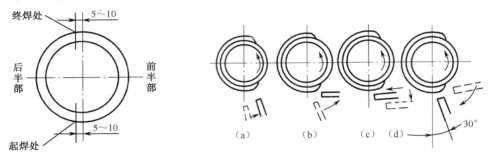

图 9-33　前半部焊缝过中心示意图　　　　图 9-34　水平固定管仰焊接头操作

④ 平位接头时，运条至斜立焊位置，采用顶弧焊，即将焊条前倾（图 9-35），当焊至距接头 3～5mm 即将封闭时，绝不可灭弧焊，应把焊条向内压一下，听到击穿声后，使焊条在接头处稍作摆动，填满弧坑后熄弧。当与定位焊缝相接时，也需用上述方法操作。

⑤ 打底层施焊时，为了得到优质的焊缝和良好的背面

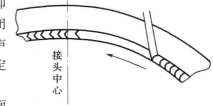

图 9-35　平焊位置接头用顶弧焊法

成形，运条动作要稳定并准确，灭弧动作要果断，电弧要控制短些，保持大小适宜的熔孔。过大的熔孔会使焊缝背面产生下坠或焊瘤，特别是仰焊部位易出现内凹，平焊部位易出现背面焊缝过高或焊瘤的现象。因此要求在仰焊位置操作时，电弧在坡口两侧停留时间不宜过长，并且电弧尽量向上顶焊；在平焊位置时，电弧不能在熔池的前面多停留，并保持 2/3 的电弧落在熔池上，这样有利于背面有较好的成形。

⑥ 填充层。

对于大管来说，要进行填充焊。焊接时也分两半部进行。由于中间层的焊波较宽，一般采用月牙形或锯齿形运条，焊接时，运条到坡口两侧要稍作停顿，以保证焊道与母材良好熔合，不咬边。填充层的最后一层，不能高出管子外壁表面，要留出坡口边缘，以便于表面层的焊接。

⑦ 表面层。

表面层的焊接为使表面焊缝中间稍凸起一些，并与母材圆滑过渡，运条可采用月牙形法，焊条摆动稍慢而平稳，运条至两侧要稍作停顿，防止咬边。要严格控制弧长，尽量保持焊缝宽窄一致，波纹均匀。

五、评分标准

评分标准见表 9-7。

表 9-7　评分标准

序号	考核内容	考核要点	配分	评分标准	检测结果	得分
1	焊前准备	劳动着装及工具准备齐全，并符合要求，参数设置、设备调试正确	5	工具及劳保着装不符合要求，参数设置、设备调试不正确有一项扣1分		
2	焊接操作	试件固定的空间位置符合要求	10	试件固定的空间位置超出规定范围不得分		

序 号	考核内容	考核要点	配 分	评分标准	检测结果	得 分
3	焊缝外观	两面焊缝表面不允许有焊瘤、气孔和烧穿等缺陷	10	出现任何一种缺陷不得分		
		焊缝咬边深度≤0.5mm,两侧咬边总长度不超过焊缝有效长度的15%	10	① 咬边深度≤0.5mm 累计长度每5mm扣1分 累计长度超过焊缝有效长度的15%不得分 ② 咬边深度>0.5mm 不得分		
		未焊透深度≤15%δ且≤1.5mm,总长度不超过焊缝有效长度的10%	10	① 未焊透深度≤15%δ且≤1.5mm,累计长度超过焊缝有效长度的10%不得分 ② 未焊透深度超标不得分		
		① 壁厚≤6mm 时,背面凹坑深度≤25%δ且≤1mm ② 壁厚>6mm 时,背面凹坑深度≤20%δ且≤2mm,总长度不超过焊缝有效长度的10%	5	① 壁厚≤6mm 时,背面凹坑深度≤25%δ且≤1mm;背面凹坑长度每5mm扣1分;背面凹坑深度>1mm不得分 ② 壁厚>6mm 时,背面凹坑深度≤20%δ且≤2mm;背面凹坑长度每5mm扣1分;背面凹坑深度>2mm不得分		
		双面焊缝余高 0~3mm,焊缝宽度比坡口每侧增 0.5~2.5mm,宽度误差≤3mm	10	每种尺寸超差一处扣2分,扣满10分为止		
		错边≤10%δ	5	超差不得分		
4	内部质量	X 射线探伤	30	Ⅰ级片不扣分,Ⅱ级片扣分,Ⅲ级片不得分		
5	其他	安全文明生产	5	设备、工具复位,试件、场地清理干净,有一处不符合要求扣1分		
6	定额	操作时间		每超 1min 从总分中扣2分		
合计			100			
否定项		① 焊缝表面存在裂纹、未熔合缺陷 ② 焊接操作时任意更改试件位置 ③ 焊缝原始表面破坏 ④ 焊接时间超出定额的50%				
参数说明		δ 为试件厚度				

【技能训练 5】 仰焊

　　仰焊是焊条位于焊件下方，焊工仰视焊件所进行的焊接，仰焊是各种焊接位置中，操作难度最大的。由于熔池倒悬在焊件下面，受重力作用而下坠，同时熔滴自身的重力不利于熔滴过渡，并且熔池温度越高，表面张力越小，仰焊时焊缝背面易产生凹陷，正面易出现焊瘤，焊缝成形较为困难。

一、焊前准备

① 焊件。低碳钢钢板，规格尺寸为 300mm×125mm×12mm，开 30°V 形坡口，每组两块。

② 焊条。E4303（J422），直径为 2.5mm、3.2mm。

③ 焊机。BX 型焊机或 ZX5-400 型焊机。

④ 工件清理。将焊件待焊处 20mm 范围内除锈、去污，至露出金属光泽。

二、装配及定位焊

将清理后的焊件（两块）放置于平台上，留出始焊端 3.2mm 和终焊端 4mm 的间隙，预留 3°～4°的反变形，错边量≤1mm。间隙小的一端放在左侧。

三、焊接工艺参数

① 打底焊：焊条直径 2.5mm，焊接电流 65～80A。

② 填充焊：焊条直径 3.2mm，焊接电流 100～120A。

③ 盖面焊：焊条直径 3.2mm，焊接电流 90～110A。

④ 运条方法及焊条角度如图 9-36 所示。

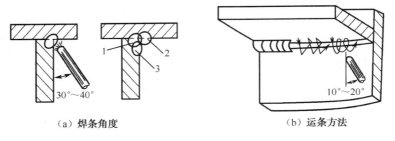

（a）焊条角度　　　　　　　　　　　（b）运条方法

图 9-36　仰角焊示意图

四、仰角焊操作要领

① 仰角焊根据焊件厚度不同（焊脚尺寸的不同要求），可采用单层焊或多层多道焊。单层焊可根据焊脚尺寸选择 3.2mm 或 4.0mm 直径的焊条，运条时采用直线往复运条法，短弧焊接；对焊脚尺寸为 6～8mm 的焊缝可采用斜圆圈运条法。运条时应使焊条端头偏向于接口的上面钢板，使熔滴首先在上面钢板熔化，然后通过斜圆圈形运条，把熔化的熔滴部分地拖到立面的钢板上，这样反复运条，使接口的两边都得到均匀的熔合。仰对接焊在试板左端定位焊缝上引弧、预热，待电弧正常燃烧后，将焊条拉到坡口间隙处，并将焊条向上给送，待坡口根部形成熔孔时，转入正常焊接。

② 仰焊时要压低电弧，利用电弧吹力将熔滴送入熔池，采用小幅度锯齿形摆动，在坡口两侧稍停留，保证焊缝根部焊透。横向波动幅度要小，摆幅大小和前进速度要均匀，停顿时间比其他焊接位置稍短些，使熔池尽可能小而且浅，防止熔池金属下坠，造成焊缝背面下凹，正面出现焊瘤。

③ 仰焊过程中必须短弧焊接；熔池体积尽可能小一些；焊道成形应该薄且平。

④ 仰对接焊如图 9-37 所示，焊时挺胸昂首，极易疲劳，而运条过程又需要细心操作，一旦臂力不支，身手就会松弛，导致运条不均匀、不稳定，影响焊接质量。因此，要掌握仰焊技术，必须苦练基本功。操作过程中，两脚成半开步站立，反握焊钳，头部左倾注视焊接部位。为减轻臂腕的负担，往往将焊接电缆搭在临时设置的挂钩上。

⑤ 收弧方法。每当焊完一根焊条要收弧时，应使焊条向试件的左或右侧回拉 10～15mm，并迅速提高焊条熄弧，使熔池逐渐减小，填满弧坑并形成缓坡，以避免在弧坑处产生缩孔等缺陷，并有利于下一根焊条的接头。

⑥ 填充层和盖面层如图 9-38 所示。

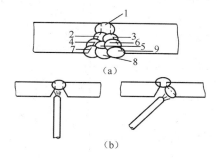

图 9-37　V 形坡口仰对接焊

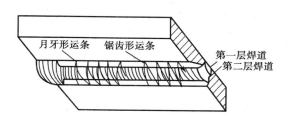

图 9-38　V 形坡口仰对接焊的多层焊运条方法

五、评分标准

评分标准见表 9-8。

表 9-8　评分标准

序　号	考核内容	考核要点	配　分	评分标准	检测结果	得　分
1	焊前准备	劳动着装及工具准备齐全，并符合要求，参数设置、设备调试正确	5	工具及劳保着装不符合要求，参数设置、设备调试不正确有一项扣1分		
2	焊接操作	试件固定的空间位置符合要求	10	试件固定的空间位置超出规定范围不得分		
3	焊缝外观	两面焊缝表面不允许有焊瘤、气孔和烧穿等缺陷	10	出现任何一种缺陷不得分		
		焊缝咬边深度≤0.5mm，两侧咬边总长度不超过焊缝有效长度的15%	8	① 咬边深度≤0.5mm 累计长度每5mm扣1分 累计长度超过焊缝有效长度的15%不得分 ② 咬边深度＞0.5mm 不得分		
		未焊透深度≤15%δ且≤1.5mm，总长度不超过焊缝有效长度的10%	8	① 未焊透深度≤15%δ且≤1.5mm，累计长度超过焊缝有效长度的10%不得分 ② 未焊透深度超标不得分		

序　号	考核内容	考核要点	配　分	评分标准	检测结果	得　分
3	焊缝外观	背面凹坑深度≤25%δ且≤1mm，总长度不超过焊缝有效长度的20%	4	① 背面凹坑深度≤25%δ且≤1mm，背面凹坑长度每5mm扣1分 ② 背面凹坑深度＞1mm时不得分		
		双面焊缝余高0～3mm，焊缝宽度比坡口每侧增0.5～2.5mm，宽度误差≤3mm	10	每种尺寸超差一处扣2分，扣满10分为止		
		错边≤10%δ	5	超差不得分		
		焊后角变形误差≤3°	5	超差不得分		
4	内部质量	X射线探伤	30	Ⅰ级片不扣分，Ⅱ级片扣分，Ⅲ级片不得分		
5	其他	安全文明生产	5	设备、工具复位，试件、场地清理干净，有一处不符合要求扣1分		
6	定额	操作时间		每超1min从总分中扣2分		
合计			100			
否定项		① 焊缝表面存在裂纹、未熔合缺陷 ② 焊接操作时任意更改试件位置 ③ 焊缝原始表面破坏 ④ 焊接时间超出定额的50%				
参数说明		δ为试件厚度				

第三篇　气体保护焊

第十章　气体保护焊基础知识

第一节　气体保护焊工作原理

根据熔化极气体保护焊接所采用的保护气体种类，可分为熔化极惰性气体保护焊（简称 MIG 焊）和熔化极活性气体保护焊（简称 MAG 焊）。MIG 焊采用 Ar 或 He 及其混合气体作保护气体，MAG 焊则采用 CO_2 或 CO_2 与 Ar、He 等气体的混合气体作保护气体。MIG 焊主要用于不锈钢、耐热钢以及有色金属的焊接，而 MAG 焊主要用于碳钢和低合金钢的焊接。

熔化极气体保护焊按所用的焊丝种类，可分为实心焊丝气体保护焊和药芯焊丝气体保护焊。由于药芯焊丝气体保护焊具有一系列的优点，近期发展十分迅速，特别是在压力容器等重要焊接结构的焊接中已占有一定的地位。

一、熔化极 CO_2 气体保护焊原理

CO_2 气体保护焊是利用 CO_2 气体作为保护介质，利用焊丝与焊件之间建立的电弧熔化焊丝和母材，形成金属熔池连接被焊工件的一种先进的电弧焊方法。其焊接工作原理如图 10-1 所示。

从喷嘴中喷出的 CO_2 气体，在电弧的高温下分解为 CO 并放出氧气，其反应式如下：

$$CO_2 = CO + \frac{1}{2}O_2 - 283.2kJ$$

温度越高，CO_2 气体的分解率越高，放出的氧气越多。在焊接条件下，CO_2 气体的分解会产生以下主要问题：

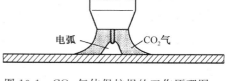

图 10-1　CO_2 气体保护焊的工作原理图

① 在高温下，CO_2 气体分解放出的氧气使铁及合金元素烧损（氧化反应）。

② 焊接过程中产生飞溅熔滴中的 FeO 和 C 作用会产生 CO 气体，在电弧高温作用下，CO 急剧膨胀，使熔滴爆破产生飞溅。

③ 产生 CO 气孔。熔池中的 FeO 和 C 作用产生的 CO 气体，如果跑不出去，会产生 CO 气孔。

合金元素烧损、CO 气孔和飞溅是 CO_2 气体保护焊的三个主要问题。这些问题都是 CO_2 气体的氧化性造成的，必须在冶金上采取措施予以解决。

二、不熔化极气体保护焊

不熔化极惰性气体保护电弧焊是采用在电弧高温下，基本不熔化的高熔点材料作电极，以氩、氦等惰性气体作保护的一种电弧焊方法。在现代工业生产中，大多数采用钨极作不熔化电极，并以氩气作保护气体，故俗称钨极氩弧焊，英文缩写为 TIG，是利用钨极与焊件之间建立的电弧产生热量，熔化母材和不通电的填充丝形成焊接熔池，氩气从焊枪喷嘴送入焊

接区对熔池进行保护，从而完成焊件之间的连接。焊接原理如图 10-2 所示。

钨极氩弧焊与其他弧焊方法相比，具有下列优点：

① 焊接材料范围广。惰性气体不与任何金属起化学作用，熔池金属不发生冶金反应，焊接过程只是填充金属和母材在惰性气体保护下的重熔，不仅简化了焊接材料的配制，而且可以焊接几乎所有的金属和合金。

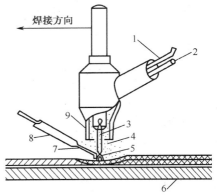

② 氩弧具有相当好的稳定性。即使在相当低的焊接电流下（10～20A），电弧也能稳定地燃烧，特别适用于薄壁零件和各种难焊位置的焊接。

③ 氩弧热量集中，熔透能力较强。熔化金属因无氧化还原反应，表面张力较大，故氩弧焊是薄壁焊件单面焊双面成形、厚壁焊件封底焊道的理想焊接方法。

图 10-2 钨极氩弧焊工作原理

1—焊接电缆；2—送气软管；3—钨极；
4—保护气体；5—电弧；6—铜衬垫；
7—填充焊丝；8—导丝嘴；9—气体喷嘴

④ 氩弧焊过程中不产生熔渣和飞溅，不仅省去了清渣和去飞溅的辅助时间，而且提高了焊缝金属的致密度。

钨极氩弧焊的缺点是钨极承载电流的能力受限制，过大的电流将引起钨极的熔化和蒸发，故焊接效率较低，不宜用于厚壁焊件的焊接。近年来，为提高钨极氩弧焊的效率，发展了热丝 TIG 焊、高效脉冲 TIG 焊等新工艺，扩大了 TIG 焊的应用范围。

第二节 气体保护焊用气体

一、二氧化碳气体

① CO_2 气体的性质。

纯 CO_2 是无色、无臭的气体，有酸味。密度为 $1.977kg/m^3$，比空气重（空气密度为 $1.29kg/m^3$）。CO_2 有三种状态：固态、液态和气态。不加压力冷却时，CO_2 直接由气体变成固体，叫做干冰。温度升高时，干冰升华直接变成气体。因空气中的水分不可避免地会凝结在干冰上，使干冰升华时产生的 CO_2 气体中含有大量水分，故固态 CO_2 不能用于焊接。常温下 CO_2 加压至 5～7MPa 时变成液体。常温下液态 CO_2 比水轻，其沸点为 $-78℃$。CO_2 在 $0℃$ 和加压至 0.1MPa 时，1kg 的液态 CO_2 可产生 509L 的 CO_2 气体。

② CO_2 气体工业上使用瓶装，液态 CO_2 使用既经济又方便。国标规定钢瓶主体喷成银白色，用黑漆标明"二氧化碳"字样。

③ CO_2 纯度对焊缝质量的影响。

CO_2 气体的纯度对焊缝金属的致密性和塑性有很大的影响。CO_2 气体中的主要杂质是水分和氮气，氮气一般含量较少，危害较小，水分的危害较大。随着 CO_2 气体中水分的增加，焊缝金属中的扩散氢含量增加，焊缝金属的塑性变差，容易出现气孔，还可能产生冷裂纹。

④ 开始焊接时，如果发现使用的 CO_2 气体含水分较多，为保证焊接质量，焊接现场将新灌气瓶倒置 1～2h 后，打开阀门，可排出沉积在下面的自由状态的水。根据瓶中含水量的不同，每隔 30min 左右放一次水，需放水 2～3 次，然后将气瓶放正进行焊接。采取以上措施，可有效地降低 CO_2 气中水分的含量。

⑤ 当气瓶中液态 CO_2 用完后，气体的压力将随气体的消耗而下降。当气瓶压力降至

1MPa 以下时，CO_2 中所含的水分将增加 1 倍以上，如果继续使用，焊缝中将产生气孔。

二、氩气

氩气是无色、无味的气体，密度为 $1.784kg/m^3$，是空气的 1.4 倍，氩气比空气重，氩气的密度大，可形成稳定的气流层，并能在熔池上方形成较好的覆盖层，故有良好的保护性能。氩气是一种惰性气体，在常温下与其他物质均不起化学反应，在高温下也不溶于液态金属，故在焊接有色金属时更能显示其优越性。因为同时分解后的正离子体积和质量较大，对阴极的冲击力很强，具有强烈的阴极破碎作用。

氩气是制氧的副产品。因为氩气的沸点介于氧、氮之间，差值很小，所以在氩气中常残留一定数量的其他杂质，按国标 GB/T 4842—1995《纯氩》规定，氩纯度应≥99.99%，如果氩气中的杂质含量超过规定标准，在焊接过程中不但影响对熔化金属的保护，而且极易使焊缝产生气孔、夹渣等缺陷，使焊接接头质量变坏并使钨极的烧损量增加。

氩气可在低于 −184℃的温度下以液态形式储存和运送，工业上焊接用氩气大多装入钢瓶中供使用。氩气瓶是一种钢质圆柱形高压容器，其外表面涂成灰色并注有绿色氩标志字样。目前我国常用氩气瓶的容积为 40L，最高工作压力为 15MPa。

氩气瓶在使用中严禁敲击、碰撞，氩气瓶一般应直立放置，瓶阀冻结时，不得用火烘烤；不得用电磁起重搬运机搬运氩气瓶；瓶内气体不能用尽，氩气瓶余气压力应≥0.2MPa。

三、氮气

氮气是一种无色、无味、无臭的气体。氮气占大气总量的 78.12%（体积分数），在标准状况下的气体密度是 $1.25kg/m^3$，氮气是难液化的气体。氮气在极低温度下会液化成无色液体，进一步降低温度时，更会形成白色晶状固体。在生产中，通常采用钢瓶盛放氮气，氮气的化学性质很稳定，常温下很难跟其他物质发生反应，但在高温、高能量条件下可与某些物质发生化学变化。

第三节 焊丝和钨极

一、CO_2 气体保护焊用碳钢和低合金钢焊丝

CO_2 气体保护焊用的焊丝，由于 CO_2 气体氧化性较强，在电弧高温下分解为 CO 和 O_2，电弧气氛具有强烈的氧化作用，使合金元素烧损，容易产生气孔及飞溅，因此 CO_2 气体保护焊用的焊丝必须具有较低的含碳量并含有较高的硅、锰来脱氧。

实心焊丝分为：碳钢焊丝、铬钼钢焊丝、铬镍钢焊丝、锰钼钢焊丝、其他低合金钢焊丝五类。焊丝直径常见的有 $\phi0.8mm$、$\phi1.0mm$、$\phi1.2mm$、$\phi1.6mm$、$\phi2.0mm$ 等。

实心焊丝按照化学成分和采用熔化极气体保护电弧焊时熔敷金属的力学性能分类，型号表示方法如下：

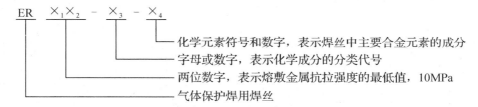

实心焊丝适用于焊接碳钢、低合金钢。化学成分见表 10-1。

表 10-1 CO_2 气体保护焊实心焊丝化学成分

%

焊丝型号	C	Mn	Si	P	S	Ni	Cr	Mo	V	Ti	Zr	Al	Cu	其他元素总量
碳钢焊丝														
ER 49-1	≤0.11	1.80~2.10	0.65~0.95	≤0.030	≤0.030	≤0.30	≤0.20	—	—	—	—	—	—	—
ER 50-2	≤0.07	0.90~1.40	0.40~0.70	≤0.025	≤0.035			—	—	—	—	—	≤0.50	≤0.50
ER 50-3	0.06~0.15		0.45~0.75							0.05~0.15	0.02~0.12	0.05~0.15		
ER 50-4	0.07~0.15	1.00~1.50	0.65~0.85											
ER 50-5	0.07~0.19	0.90~1.40	0.30~0.60									0.50~0.90		
ER 50-6	0.06~0.15	1.40~1.85	0.80~1.15											
ER 50-7	0.07~0.15	1.50~2.00	0.50~0.80											
铬钼钢焊丝														
ER 55-B2	0.07~0.12	0.40~0.70	0.40~0.70	≤0.025	≤0.025		1.20~1.50	0.40~0.65	—	—	—	—	—	≤0.50
ER 55-B2L	≤0.05													
ER 55-B2-MnV	0.06~0.10	1.20~1.60	0.60~0.90	0.030			1.00~1.30	0.50~0.70	0.20~0.40				0.35	
ER 55-B2-Mn	0.07~0.12	1.20~1.70					0.90~1.20	0.45~0.65						
ER 62-B3	0.07~0.12	0.40~0.70	0.40~0.70				2.30~2.70	0.90~1.20						
ER 62-B3L	≤0.05													
镍钢焊丝														
ER 55-C1	≤0.12	≤1.25	0.40~0.80	≤0.025	≤0.025	0.80~1.10	≤0.15	≤0.35	≤0.05	—	—	—	≤0.35	≤0.50
ER 55-C2	≤0.12					2.00~2.75								
ER 55-C3	≤0.12					3.00~3.75								
锰钼钢焊丝														
ER 55-D2-Ti	≤0.12	1.20~1.90	0.40~0.80	≤0.025	≤0.025	≤0.15		0.20~0.50	—	≤0.20	—	—	≤0.50	≤0.50
ER 55-D2	0.07~0.12	1.60~2.10	0.50~0.80					0.40~0.60						
其他低合金钢焊丝														
ER 69-1	≤0.08	1.25~1.80	0.20~0.50	≤0.010	≤0.010	1.40~2.10	0.30	0.25~0.55	0.05	≤0.10	≤0.10		≤0.25	≤0.50
ER 69-2	≤0.12		0.20~0.60	≤0.010		0.80~1.25		0.20~0.55					0.35~0.65	
ER 69-3			0.40~0.80	0.020	0.020	0.50~1.00				≤0.20		0.10	≤0.35	
ER 76-1	≤0.09		0.40~0.80	0.010	0.010	1.90~2.60	0.50	0.25~0.55	0.04	≤0.10	≤0.10		≤0.25	
ER 83-1	≤0.10	1.40~1.80	0.25~0.60	0.010	0.010	2.00~2.80	0.65	0.30~0.65	0.03					
ER ××-G	供需双方协商													

二、气体保护焊用药芯焊丝

药芯焊丝 CO_2 气体保护焊的原理与实心 CO_2 气体保护焊的不同处是，药芯焊丝气体保护焊利用药芯焊丝代替实心焊丝进行焊接，如图 10-3 所示。

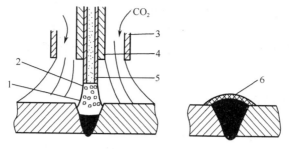

图 10-3　药芯焊丝气体保护焊原理

1—电弧；2—熔滴；3—喷嘴；4—导电嘴；5—药芯焊丝；6—渣壳

药芯焊丝是利用薄钢板卷成圆形钢管或异形钢管，或用无缝钢管，在管中填满一定成分的药粉，经拉制而成，焊接过程中药粉的作用与焊条药皮相同。因此，药芯焊丝气体保护焊的焊接过程是双重保护——气渣联合保护，可获得较高的焊接质量。药芯焊丝的断面形状如图 10-4 所示。

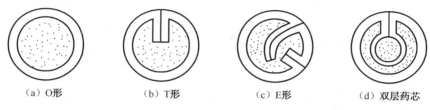

（a）O形　　　　（b）T形　　　　（c）E形　　　　（d）双层药芯

图 10-4　药芯焊丝的断面形状

1. 药芯焊丝的优点

① 熔化系数高。由于焊接电流只流过药芯焊丝的金属表皮，其电流密度非常高，产生大量的电阻热，使其熔化速度比相同直径的实心焊丝高。一般情况下，药芯焊丝的熔敷率达 75%～88%，生产效率是实心焊丝的 1.5～2 倍，是焊条电弧焊的 5～8 倍。

② 焊接熔深大。由于电流只流过药芯焊丝的金属表皮，电流密度大，使焊道熔深加大。国外研究资料表明，当角焊缝的实际厚度加大时，其接头强度不因焊道外观尺寸的变化而变化。因此焊脚尺寸可以减小，可节约焊缝金属 50%～60%。

③ 工艺性好。由于药芯中加了稳弧剂和造渣剂，因此电弧稳定，熔滴均匀，飞溅小，易脱渣，焊道成形美观。

④ 焊接成本低。药芯焊丝气体保护焊的总成本仅为焊条电弧焊的 45.1%，并略低于实心焊丝 CO_2 气体保护焊。

⑤ 适应性强。通过改变药芯的成分可获得不同类型的药芯焊丝，以适应不同的需要。

2. 药芯焊丝与实心焊丝 CO_2 气体保护焊相比的缺点

① 焊接时烟雾较实心焊丝大。

② 焊渣较实心焊丝 CO_2 气体保护焊多，故多层焊时要注意清渣，防止产生夹渣缺陷。但渣量远较焊条电弧焊少，因此清渣工作量并不大。

碳钢药芯焊丝型号根据熔敷金属的力学性能、焊接位置、保护类型、焊接电流的类型和渣系的特点等分类，表示如下：

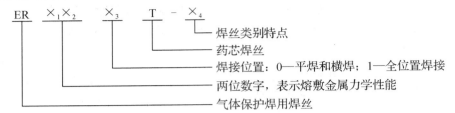

药芯焊丝可用于焊接不锈钢、低合金高强度钢及堆焊。据介绍，国外已将药芯焊丝广泛地用于重型机械、建筑机械、桥梁、石油、化工、核电站设备、大型发电设备及采油平台等制造业中，并取得了很好的效果。近年来，随着我国生产药芯焊丝的技术的提高，国产药芯焊丝的质量不断提高，品种不断增加，应用范围不断扩大。

三、钨极

钨是一种难熔的金属材料，能耐高温，其熔点为3653～3873K，沸点为6173K，导电性好，强度高。钨极作为电极起传导电流并引燃电弧和维持电弧正常燃烧的作用。钨极具有耐高温、导电性好、强度高等特点，而且还具有很强的发射电子能力，电流承载能力大、寿命长、抗污染性好。

钨极按其化学成分分类有纯钨极（牌号W1、W2）、钍钨极（牌号WTh-7、WTh-10、WTh-15）、铈钨极（牌号WCe-20）、锆钨极（牌号WZr-15）和镧钨极五种。长度范围为76～610mm；可用的直径范围一般为0.5～6.3mm。

① 纯钨极一般用在要求不严格的情况，使用交流电时，纯钨极电流承载能力较低，抗污染能力差，要求焊机有较高的空载电压，目前很少采用。

② 钍钨极在纯钨中加入了质量分数为1%～2%氧化钍的钨极，提高了电极电子发射率，电流承载能力较好、寿命较长并且抗污染性能较好。使用这种钨极时，引弧比较容易，并且电弧比较稳定。其缺点是成本较高，具有微量放射性。

③ 铈钨极是在纯钨中加入了质量分数为2%的氧化铈，与钍钨极相比，它具有如下优点：

直流小电流焊接时，易建立电弧，引弧电压比钍钨极低50%，电弧燃烧稳定。

弧柱的压缩程度较好，在相同的焊接参数下，弧束较长，热量集中，烧损率比钍钨极低5%～50%，修磨端部次数少，使用寿命比钍钨极长。

最大许用电流密度比钍钨极高5%～8%；放射性极低。它是我国建议尽量采用的钨极。

④ 锆钨极的性能在纯钨极和钍钨极之间。用于交流焊接时，具有纯钨极理想的稳定特性和钍钨极的载流量及引弧特性等综合性能。

制造厂家按长度范围供给610～760mm的钨极。常用钨极的直径为1.0mm、1.6mm、2.0mm、2.5mm、3.2mm、4.0mm、5.0mm、6.3mm、8.0mm。钨极载流量的大小主要由直径、电流种类和极性决定，如果焊接电流超过钨极的许用值，会使钨极强烈发热、熔化和蒸发，从而引起电弧不稳定，影响焊接质量，导致焊缝产生气孔、夹钨等缺陷。在施焊过程中，焊接电流不得超过钨极规定的许用电流。

第十一章 二氧化碳气体保护焊

20世纪50年代初，前苏联和日本等研究成功了CO_2气体保护焊。到20世纪80年代，CO_2气体保护焊已成为重要的熔焊方法之一。CO_2气体保护焊经过近几十年的发展，已成为一种优质、高效、低成本的熔焊方法。在现代工业生产中已得到普遍的应用。在压力容器制造中，主要用于薄壁容器、不锈钢和耐热钢容器、厚壁容器纵环缝的封底焊道、接管焊缝、容器支座和内件的焊接，并在许多应用场合取代了焊条电弧焊。

第一节 二氧化碳气体保护焊设备

一、CO_2气体保护焊的特点

1. CO_2气体保护焊的优点

① 生产效率高，操作简单、成本低。CO_2气体保护焊采用的电流密度比焊条电弧焊和埋弧焊大得多，CO_2气体保护焊采用的电流密度通常为$100\sim300A/mm$，焊丝的熔敷速度高，母材的熔深大，对于10mm以下的钢板，开I形坡口可以一次焊透，对于厚板，可加大钝边、减小坡口，以减少填充金属，提高效率。

② CO_2气体保护焊焊接过程中产生的焊渣极少，多层多道焊时，层间可不必清渣。CO_2气体保护焊采用整盘焊丝，焊接过程中不必更换焊丝，因而减少了焊接辅助时间，既节省了填充金属（不必丢掉焊条头），又减少了引弧次数，减少了因停弧不当产生缺陷的可能。

③ 对油锈不敏感。因CO_2气体保护焊焊接过程中CO_2气体分解，氧化性强，对焊件上的油、锈及其他污物的敏感性较小，故对焊前清理的要求不高。

④ 焊接变形小。因为CO_2气体保护焊电流密度高、电弧热量集中、CO_2气体有冷却作用，受热面积小，所以焊后焊件变形小，可减少矫正变形的工作量。

⑤ 采用明弧焊CO_2气体保护焊电弧可见性好，易对准焊缝，观察和控制熔接过程较方便。

2. CO_2气体保护焊缺点

① 飞溅较大。在操作时应注意劳动保护，防止烫伤。

② 弧光强。CO_2气体保护焊弧光较强，需加强防护。

③ 抗风力弱。室外进行CO_2气体保护焊作业时，应采取必要的防风措施。

④ 操作不够灵活。CO_2气体保护焊的焊枪和送丝软管较重，在小范围内操作时不够灵活，特别是在使用水冷焊枪时很不方便。由于CO_2气体保护焊本身具有很多优点，已广泛用于焊接低碳钢及低合金高强度钢，在药芯焊丝的配合下，可焊接耐热钢和不锈钢或用于堆焊耐磨零件及补焊铸钢件和铸铁件。

二、CO_2气体保护焊设备

气体保护焊设备主要由供气系统、焊接电源、送丝机构和焊枪四部分组成，如图11-1所示。

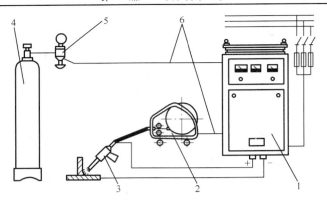

图 11-1　CO_2 气体保护焊设备示意图

1—电源；2—送丝机；3—焊枪；4—气瓶；5—减压流量调节器；6—送气胶管

1. 供气系统

供气系统由气瓶、减压流量调节器、预热器、流量计及管路组成，有时为了去除水分，气路中还需串联高压和低压干燥器。本系统功能是向焊接区提供流量稳定的保护气体。

① 减压流量调节器。如图 11-2 所示，将气瓶中的高压 CO_2 气体的压力降低，并保证保护气体输出压力稳定。

② 浮子流量计。用来调节和测量保护气体的流量，如图 11-2 所示。可根据浮子的位置直观判定 CO_2 气体流量的大小，浮子越高，流量越大，但浮子流量计很容易摔坏，使用时要特别小心。

③ 预热器。如图 11-2 所示，CO_2 气体经减压阀变成低压气体时会吸热，使瓶口温度降低，并可能使瓶口结冰，将阻碍 CO_2 气体的流出，装上预热器可防止瓶口结冰。

现在所使用的减压流量调节器用起来非常方便，这种调节器已将预热器、减压阀和流量调节器合成一体，如图 11-2 所示。

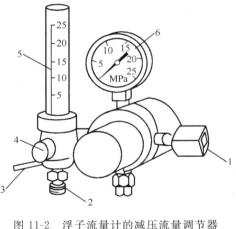

图 11-2　浮子流量计的减压流量调节器

1—进气口；2—出气口；3—预热器电缆；4—流量调节旋钮；5—浮子流量计；6—高压表

2. 焊接电源

电源输出电压和输出电流的关系称作电源的外特性。CO_2 气体保护焊要求弧焊电源具有平或缓降的外特性曲线，当输出电流增加时，输出电压不变或缓慢降低的电源的外特性称作平特性或缓降特性。由于短路电流大，容易引弧，不易粘丝；电弧拉长后，电流迅速减小，不容易烧坏焊丝嘴，且弧长变化时会引起较大的电流变化，电弧的自调节作用强，焊接参数稳定，焊接质量好。电源外特性越接近水平线，电弧的自调节作用越强，焊接参数越稳定，焊接质量越好。根据焊接参数调节方法的不同，焊接电源可分为如下两类。

① 一元化调节电源。这种电源只需用一个旋钮调节焊接电流，控制系统自动使电弧电压保持在最佳状态，如果焊工对所焊焊缝成形不满意，可适当修正电弧电压，以保持最佳匹配。这类焊机使用时特别方便。

② 多元化调节电源。这种电源的焊接电流和电弧电压分别用两个旋钮调节，调节焊接参数较麻烦。

③ 焊接电源的负载持续率。任何电器设备在使用时都会发热，使温度升高，如果温度太高，绝缘损坏，就会使电器设备烧毁。为了防止设备烧毁，必须了解焊机的额定焊接电流和负载持续率及它们之间的关系。焊接时间是燃弧时间与辅助时间之和。当电流通过导体时，因导体都有电阻，会发热，发热量与电流的平方成正比，电流越大，发热量越大，温度越高。当电弧燃烧（负载）时，发热量大，焊接电源温度升高；电弧熄灭（空载）时，发热量小，焊接电源温度降低。电弧燃烧时间越长，辅助时间越短，即负载持续率越高，焊接电源温度升高得越多，焊机越容易烧坏。

在焊机出厂标准中规定了负载持续率的大小。一般厂家生产焊机的额定负载持续率为60%，即在 5min 内，连续或累计燃弧 3min，辅助时间为 2min 时的负载持续率。

在额定负载持续率下，允许使用的最大焊接电流称作额定焊接电流。当负载持续率低于60%时，允许使用的最大焊接电流比额定焊接电流大，负载持续率越低，可以使用的焊接电流越大。当负载持续率高于60%时，允许使用的最大焊接电流比额定焊接电流小。

已知额定负载持续率、额定焊接电流和实际负载持续率时，可按下式计算允许使用的最大焊接电流：

$$允许使用的最大焊接电流 = \sqrt{\frac{额定负载持续率}{实际负载持续率}} \times 额定焊接电流$$

实际负载持续率为 100% 时，允许使用的焊接电流为额定焊接电流的 77%。

3. 送丝机构

送丝机构包括机架、送丝电机、焊丝桥直轮、压紧轮和送丝轮等，还有装卡焊丝盘、电缆及焊枪的机构，如图 11-3、图 11-4 所示。

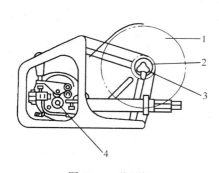

图 11-3 送丝机

1—焊丝盘；2—焊丝盘轴；3—锁紧螺母；4—送丝轮

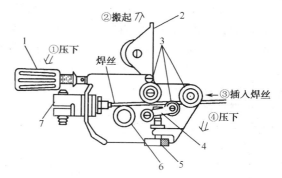

图 11-4 ①—②—③—④顺序装焊丝

1—压紧螺钉；2—压力臂；3—校直轮；4—活动校正臂；
5—校正调整螺钉；6—送丝轮；7—焊枪电缆插座

① 推丝式送丝焊枪与送丝机构是分开的，焊丝经一段软管送到焊枪中。这种焊枪的结构简单、轻便，但焊丝通过软管时受到的阻力大，因而软管长度受到限制，通常只能在离送丝机 3~5m 的范围内操作。

② 拉丝式送丝机构与焊枪合为一体，没有软管，送丝阻力小，速度均匀稳定，但焊枪结构复杂，重量大，焊工操作时的劳动强度大。

③ 推拉式送丝结构是以上两种送丝方式的组合，送丝时以推为主，由于焊枪上装有拉丝轮，可克服焊丝通过软管时的摩擦阻力，若加长软管至 60m，能大大增加操作的灵活性。

④ 根据送丝轮的表面形状和结构的不同，可将推丝式送丝机构分成两类：

平轮 V 形槽送丝机构：送丝轮上切有 V 形槽，靠焊丝与 V 形槽两个侧面接触点的摩擦力送丝。由于摩擦力小，送丝速度不够平稳。当送丝轮夹紧力太大时，焊丝易被夹扁，甚至压出直棱，会加剧焊丝嘴内孔的磨损。

行星双曲线送丝机构：采用特殊设计的双曲线送丝轮，使焊丝与送丝轮保持线接触，送丝摩擦力大，速度均匀，送丝距离大，焊丝没有压痕，能校直焊丝，对带轻微锈斑的焊丝有除锈作用，且送丝机构简单，性能可靠，但双曲线送丝轮设计与制造较麻烦。

4. 焊枪

用来传导电流、输送焊丝和保护气体，根据形状分为两种。

① 手枪式焊枪：如图 11-5 所示，这种焊枪形似手枪，用来焊接除水平面以外的空间焊缝较方便。焊接电流较小时，焊枪采用自然冷却。当焊接电流较大时，采用水冷式焊枪。

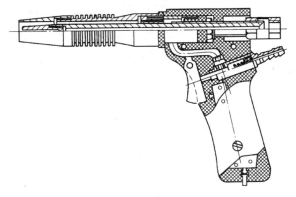

图 11-5 手枪式焊枪

② 鹅颈式焊枪：如图 11-6 所示，主要部件的作用和要求如下。

喷嘴：其内孔形状和直径的大小将直接影响气体的保护效果，要求从喷嘴中喷出的气体为上小下大的截头圆锥体，均匀地覆盖在熔池表面。喷嘴内孔的直径为 16～22mm，不应小于 12mm，为节约保护气体，便于观察熔池，喷嘴直径不宜太大。常用纯（紫）铜或陶瓷材料制造喷嘴，为降低其内外表面的粗糙度，要求在纯铜喷嘴表面镀上一层铬，以提高其表面硬度和降低粗糙度。喷嘴以圆柱形较好，也可做成上大下小的圆锥形。焊接前，最好在喷嘴的内外表面上喷一层防飞溅喷剂，或刷一层硅油，便于清除黏附在喷嘴上的飞溅，并延长喷嘴使用寿命。

焊丝嘴：又称导电嘴，其外形如图 11-6 所示，常用纯铜和铬青铜制造。这种焊枪形似鹅颈，应用较广，用于平焊位置较方便。

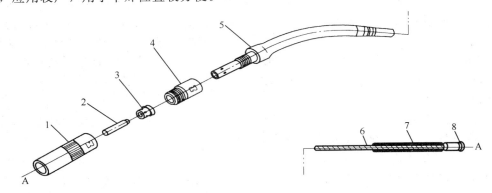

图 11-6 鹅颈式焊枪头部的结构

1—喷嘴；2—焊丝嘴；3—分流器；4—接头；5—枪体；6—弹簧软管；7—塑料密封管；8—橡胶密封圈

第二节　二氧化碳气体保护焊焊接工艺

一、焊接电流

如图 11-7 所示为焊接电流对焊缝成形的影响。送丝速度越快，焊接电流越大。在相同的送丝速度下，随着焊丝直径的增加，焊接电流也增加。焊接电流的变化对熔池深度有决定性影响，随着焊接电流的增大，熔深显著增加，熔宽略有增加。焊接电流对熔敷速度及熔深的影响如图 11-8、图 11-9 所示。由图可见，随着焊接电流的增加，熔敷速度和熔深都会增加。

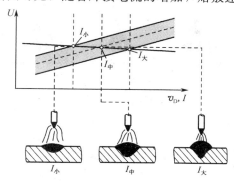

图 11-7　焊接电流对焊缝成形的影响

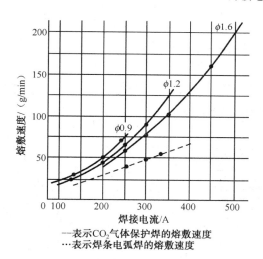

—表示CO_2气体保护焊的熔敷速度
…表示焊条电弧焊的熔敷速度

图 11-8　焊接电流对熔敷速度的影响

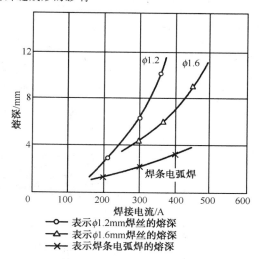

—○—表示ϕ1.2mm焊丝的熔深
—△—表示ϕ1.6mm焊丝的熔深
—×—表示焊条电弧焊的熔深

图 11-9　焊接电流对熔深的影响

但应注意：焊接电流过大时，容易引起烧穿、焊漏和产生裂纹等，且焊件的变形大，焊接过程中飞溅很大；而焊接电流过小时，容易产生未熔合和夹渣等缺陷以及焊缝成形不良。通常在保证焊透、成形良好的条件下，尽可能地采用大的焊接电流，以提高生产效率。

二、焊接电压

电弧电压是重要的焊接参数之一。送丝速度不变时，调节电源外特性，此时焊接电流几乎不变，弧长将发生变化，电弧电压也会变化。电弧电压对焊缝成形的影响如图 11-10（a）所示。随着电弧电压的增加，熔宽明显增加，熔深和余高略有减小，焊缝成形较好，但焊缝金属的氧化和飞溅增加，力学性能降低。为保证焊缝成形良好，电弧电压必须与焊接电流配合适当。通常焊接电流小时，电弧电压较低；焊接电流大时，电弧电压较高。这种关系称为匹配。

在焊接打底层焊缝或空间位置焊缝时，常采用短路过渡方式，在立焊和仰焊时，电弧电压应略低于平焊位置，以保证短路过渡过程稳定。短路过渡时，熔滴在短路状态一滴一滴地过渡，熔池较黏，短路频率为 $5\sim100\mathrm{Hz}$。由图 11-10（b）可见，随着焊接电流的增大，合适的电弧电压也增大。电弧电压对焊缝成形的影响如图 11-11 所示。通常电弧电压为 $17\sim24\mathrm{V}$。电弧电压过高或过低对焊缝成形、飞溅、气孔及电弧的稳定性都有不利的影响。

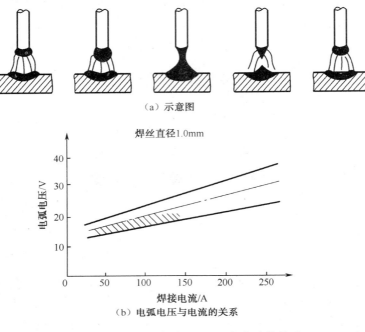

图 11-10　短路过渡时电弧电压与电流的关系

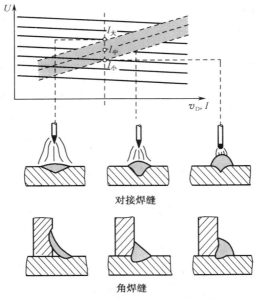

图 11-11　电弧电压对焊缝成形的影响

应注意，焊接电压与电弧电压是两个不同的概念，不能混淆。前面已经说过，电弧电压是在导电嘴与焊件间测得的电压。而焊接电压则是电焊机上电压表显示的电压，它是电弧电压与焊机和焊件间连接电缆线上的电压降之和。显然焊接电压比电弧电压高，但对于同一台焊机来说，当电缆长度和截面不变时，它们之间的差值是很容易计算出来的，特别是当电缆较短、截面较粗时，由于电缆上的压降很小，可用焊接电压代替电弧电压；若电缆很长、截面又小，则电缆上的电压降不能忽略，在这种情况下，若用焊机电压表上读出的焊接电压替代电弧电压，将产生很大的误差。严格地说，焊机电压表上读出的电压是焊接电压，不是电弧电压。如果想知道电弧电压，可按下式求得：

$$电弧电压＝焊接电压－修正电压$$

三、焊接速度

焊接时，电弧将熔化金属吹开，在电弧下形成一个凹坑，随后将熔化的焊丝金属填充进去，如果焊接速度太快，这个凹坑不能完全被填满，将产生咬边或下陷等缺陷；相反，若焊接速度过慢，熔敷金属堆积在电弧下方，使熔深减小，将产生焊道不均、未熔合、未焊透等缺陷。焊接速度对焊缝成形的影响如图 11-12 所示。在焊丝直径、焊接电流、电弧电压不变的条件下，焊接速度增加时，熔宽与熔深都减小。如果焊接速度过高，除产生咬边、未焊透、未熔合等缺陷外，由于保护效果变坏，还可能出现气孔；若焊接速度过低，除降低生产率外，焊接变形将会增大。一般半自动焊时，焊接速度在 5～60m/h。

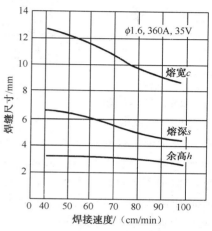

图 11-12　焊接速度对焊缝成形的影响

四、焊丝伸出长度

焊丝伸出长度是指从导电嘴端部到焊丝端头间的距离。保持焊丝伸出长度不变是保证焊接过程稳定的基本条件之一。这是因为 CO_2 气体保护焊采用的电流密度较高，焊丝伸出长度越大，焊丝的预热作用越强，反之亦然。预热作用的强弱还将影响焊接参数和焊接质量。表 11-1 为焊丝伸出长度的允许值。

表 11-1　焊丝伸出长度的允许值　　mm

焊丝直径＼焊丝牌号	H08Mn2Si	H06Cr19Ni9Ti
0.8	6～12	5～9
1.0	7～13	6～11
1.2	8～15	7～12

当送丝速度不变时，若焊丝伸出长度增加，因预热作用强，焊丝熔化快，电弧电压高，使焊接电流减小，熔滴与熔池温度降低，将造成热量不足，容易引起未焊透、未熔合等缺陷。相反，若焊丝伸出长度减小，将使熔滴与熔池温度提高，在全位置焊时可能会引起熔池铁液的流失。

预热作用的大小还与焊丝的电阻率、焊接电流和焊丝直径有关。对于不同直径、不同材料的焊丝，允许使用焊丝伸出长度是不同的。焊丝伸出长度过小，妨碍观察电弧，影响操作，还容易因导电嘴过热夹住焊丝，甚至烧毁导电嘴，破坏焊接过程正常进行。焊丝伸出长度太大时，因焊丝端头摆动，电弧位置变化较大，保护效果变坏，将使焊缝成形不好，容易产生缺陷。焊丝伸出长度对焊缝成形的影响如图11-13所示。焊丝伸出长度小时，电阻预热作用小，电弧功率大、熔深大、飞溅少；伸出长度大时，电阻对焊丝的预热作用强，电弧功率小、熔深浅、飞溅多。焊丝伸出长度不是独立的焊接参数，通常焊工根据焊接电流和保护气流量确定喷嘴高度，同时焊丝伸出长度也就确定。

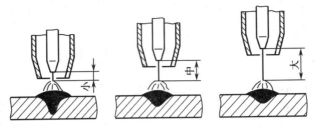

图11-13　焊丝伸出长度对焊缝成形的影响

五、气体流量

CO_2气体的流量，应根据对焊接区的保护效果来选取。接头形式、焊接电流、电弧电压、焊接速度及作业条件对流量都有影响。流量过大或过小都影响保护效果，容易产生焊接缺陷。通常细丝焊接时，流量为$5\sim15L/min$；粗丝焊接时，约为$20L/min$。注意：需要纠正"保护气流量越大，保护效果越好"这个错误观念。当保护气流量超过临界值时，从喷嘴中喷出的保护气会由层流变成紊流，会将空气卷入保护区，降低保护效果，使焊缝中出现气孔，增加合金元素的烧损。

六、焊枪倾角

焊枪轴线和焊缝轴线之间的夹角 α 称为焊枪的倾斜角度，简称为焊枪的倾角。

焊枪的倾角是不容忽视的因素。当焊枪倾角在$80°\sim110°$时，不论是前倾还是后倾，对焊接过程及焊缝成形都没有明显的影响；但倾角过大（如前倾角$>115°$）时，将增加熔宽并减小熔深，还会增加飞溅。焊枪倾角对焊缝成形的影响如图11-14所示。

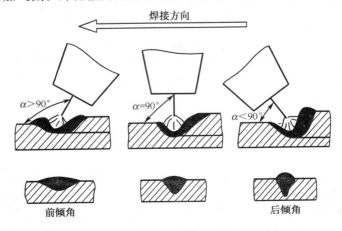

图11-14　焊枪倾角对焊缝成形的影响

由图11-14可以看出：当焊枪与焊件成后倾角时（电弧始终指向已焊部分），焊缝窄，余高大，熔深较大，焊缝成形不好；当焊枪与焊件成前倾角时（电弧始终指向待焊部分），焊缝宽，余高小，熔深较浅，焊缝成形好。通常焊工都习惯用右手持焊枪，采用左向焊法（从右向左焊接），焊枪采用前倾角，不仅可得到较好的焊缝成形，而且能够清楚地观察和控制熔池，因此 CO_2 气体保护焊时，通常都采用左向焊法。

第三节 CO_2 气体保护焊操作技术

CO_2 气体保护焊的质量是由焊接过程的稳定性决定的，焊接过程的稳定性除通过调节设备选择合适的焊接参数保证外，更主要的是取决于焊工实际操作的技术水平。因此每个焊工都必须熟悉 CO_2 气体保护焊的注意事项，掌握基本操作手法，才能根据不同的实际情况，灵活地运用这些技能，获得满意的效果。

一、选择正确的持枪姿势

由于 CO_2 气体保护焊焊枪比焊条电弧焊的焊钳重，焊枪后面又拖了一根沉重的送丝导管，因此焊工是较累的，为了能长时间坚持生产，每个焊工应根据焊接位置，选择正确的持枪姿势。采用正确的持枪姿势，焊工既不感到太累，又能长时间稳定地进行焊接。正确的持枪姿势应满足以下条件：

① 操作时用身体的某个部位承担焊枪的重量，通常手臂都处于自然状态，手腕能灵活带动焊枪平移或转动，不感到太累。

② 焊接过程中，软管电缆最小的曲率半径应大于 300mm，焊接时可随意拖动焊枪。

③ 焊接过程中，能维持焊枪倾角不变，还能清楚、方便地观察熔池。

④ 将送丝机放在合适的地方，保证焊枪能在需焊接的范围内自由移动。图 11-15 为正确的持枪姿势。

　（a）蹲位平焊　　　　（b）坐位平焊　　　　（c）立位平焊　　　　（d）站位立焊　　　　（e）站位仰焊

图 11-15　正确的持枪姿势

二、控制好焊枪喷嘴高度

开始焊接前，焊工都预先调整好了焊接参数，焊接时焊工是很少再调节这些参数的，但操作过程中，随着坡口钝边、装配间隙的变化，需要调节焊接电流。在给定情况下，可通过改变喷嘴高度、焊枪倾角等办法，来调整焊接电流和电弧功率分配等，以控制熔深和焊接质量，因此具有实际意义。

① 调整喷嘴高度控制焊接参数。原理是"通过控制电弧的弧长，改变电弧静特性曲线的位置，改变电弧稳定燃烧工作点，达到改变焊接电流的目的。"若喷嘴高度增加，弧长增加，电弧的静特性曲线左移，电弧稳定燃烧的工作点左移，焊接电流减小，电弧电压稍提高，电弧功率减小，熔深减小；若喷嘴高度降低，弧长减小，电弧的静特性曲线右移，电弧稳定燃烧工作点右移，焊接电流增加，电弧电压稍降低，电弧的功率增加，熔深增加。由此可见，在给定情况下，焊接过程中通过改变喷嘴高度，不仅可以改变焊丝的伸出长度，而且可以改变电弧的弧长。随着弧长的变化，可以改变电弧静特性曲线的位置，改变电弧稳定燃

烧的工作点、焊接电流、电弧电压和电弧的功率，达到控制熔深的目的。

② 在保护气流量不变的情况下，喷嘴高度越大，气体的保护效果越差，所以在焊接过程中调节喷嘴高度时，不能超出规定的焊丝伸出长度范围，否则会由于 CO_2 气体保护不良，焊缝产生气孔。

三、控制焊枪的倾斜角度

焊枪的倾斜角度不仅可以改变电弧功率和熔滴过渡的推力在水平和垂直方向上的分配比例，还可以控制熔深和焊缝形状。由于 CO_2 气体保护焊及熔化极气体保护焊的电流密度比焊条电弧焊大得多（大 20 倍以上），电弧的能量密度大。因此，改变焊枪倾角对熔深的影响比焊条电弧焊大得多，操作时需注意以下问题。

① 由于前倾焊时，电弧永远指向待焊区，预热作用强，焊缝宽而浅，成形较好。因此 CO_2 气体保护焊及熔化极气体保护焊都采用自右向左焊接。平焊、平角焊、横焊都采用自右向左焊；立焊则采用自下向上焊接；仰焊时，为了充分利用电弧的轴向推力，促进熔滴过渡，采用自左向右焊。

② 向左焊时，$\alpha > 90°$（α 为焊枪与焊接方向夹角），焊缝宽，余高小，熔深较浅，操作者能够清楚地观察和控制熔池，焊缝成形好；向右焊时，$\alpha < 90°$，焊缝窄，余高大，熔深较大，焊缝成形不好。

四、控制好电弧的对中位置和摆幅

电弧的对中位置实际上是摆动中心。它和接头形式、焊道的层数和位置有关。具体要求如下：

1. 对接接头电弧的对中位置和摆幅

① 单层单道焊。

当焊件较薄、坡口宽度较窄、每层焊缝只有一条焊道时，电弧的对中位置是间隙的中心，电弧的摆幅较小，摆幅以熔池边缘和坡口边缘相切最好，此时焊道表面稍下凹，焊趾处为圆弧过渡最好，如图 11-16（a）所示；若摆幅过大，坡口内侧咬边，容易引起夹渣，如图 11-16（b）所示。

最后一层填充层焊道表面比焊件表面低 1.5～2.0mm，不准熔化坡口表面的棱边。焊盖面层时，焊枪摆幅可稍大，保证熔池边缘超过坡口棱边每侧 0.5～1.5mm，如图 11-17 所示。

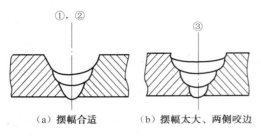

（a）摆幅合适　　　（b）摆幅太大、两侧咬边

图 11-16　电弧的对中位置和摆幅

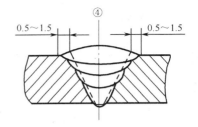

图 11-17　盖面层焊道的摆幅

② 多层多道焊。应根据每层焊道的数目确定电弧的对中位置和摆幅。

每层有两条焊道时，电弧的对中位置和摆幅如图 11-18 所示。

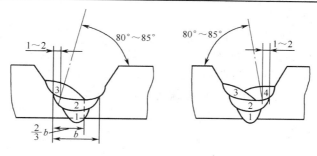

图 11-18　每层两条焊道电弧的对中位置和摆幅

每层 3 条焊道时，电弧的对中位置和摆幅如图 11-19 所示。

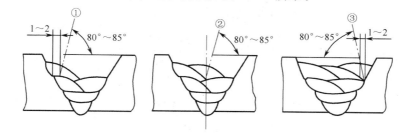

图 11-19　每层 3 条焊道时电弧的对中位置和摆幅

2. T 形接头角焊缝电弧的对中位置和摆幅

T 形接头角焊缝电弧的对中位置和摆幅，对顶角处的焊透情况及焊脚的对称性影响极大。

① 焊脚尺寸 $K \leqslant 5mm$，单层单道焊时，电弧对准顶角处，如图 11-20 所示，焊枪不摆动。

② 单层单道焊焊脚尺寸 $K = 6 \sim 8mm$ 时，电弧的对中位置如图 11-21 所示。

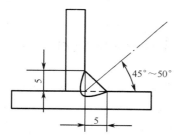

焊丝 $\phi 1.2mm$
焊接电流 200～250A
电弧电压 24～26V

图 11-20　$K \leqslant 5mm$ 时电弧的对中位置

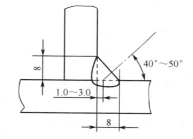

焊丝 $\phi 1.2mm$
焊接电流 260～300A
电弧电压 26～32V

图 11-21　$K = 6 \sim 8mm$ 时电弧的对中位置

③ 两层三道焊焊脚尺寸 $K = 10 \sim 12mm$ 时电弧的对中位置如图 11-22 所示。

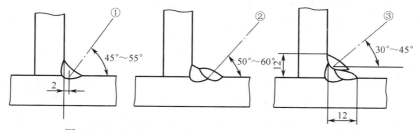

图 11-22　$K = 10 \sim 12mm$ 两层三道焊时电弧的对中位置

3. 保持焊枪匀速向前移动

整个焊接过程中，必须保持焊枪匀速前移并保持摆幅一致的横向摆动，才能获得满意的焊缝。通常焊工应根据焊接电流的大小、焊接位置、焊件熔合情况、装配间隙、钝边大小等，调整焊枪前移速度。常见焊枪摆动形式和应用范围见表 11-2。

表 11-2　常见焊枪摆动形式和应用范围

名　称	焊枪的摆动形式	应用范围
直线运动，焊枪不摆动	←	薄板及中厚板打底层焊道
小幅度锯齿形摆动 小幅度月牙形摆动	（锯齿形波纹） （月牙形波纹）	坡口小时及中厚板打底层焊道
大幅度锯齿形摆动 大幅度月牙形摆动	（大锯齿形波纹） （大月牙形波纹）	焊厚板第二层以后的横向摆动
斜圆圈形摆动	（斜圆圈波纹）	填角焊或多层焊时的第一层
三角形摆动	（三角形摆动图，标注 3、1、2）	用于向上立焊要求长焊缝时，三角形摆动
往复直线摆动，焊枪不摆动	⑧　⑥⑦④⑤②③　①	焊薄板根部有间隙、坡口有钢垫板

为了减少热输入，减小热影响区，减小变形，通常不希望采用大的横向摆动来获得宽焊缝，提倡采用多层多道窄焊道来焊接厚板，当坡口小时，如焊接打底焊缝时，可采用锯齿形较小的横向摆动，当坡口大时，可采用弯月形的横向摆动。

第四节　二氧化碳气体保护焊焊接过程

CO_2 气体保护焊焊接过程主要包括引弧、焊接、收弧、接头、焊枪摆动等。焊接进行前，每个焊工都应调好焊接参数，并根据试焊结果判断焊接参数是否合适。由于没有焊条送进运动，焊接过程中只需控制弧长，并根据熔池情况摆动和移动焊枪，所以比焊条电弧焊容易掌握。

一、引弧

引弧采用碰撞接触法。按下焊枪上的控制开关，点动送出一段焊丝，焊丝伸出长度小于喷嘴与工件间应保持的距离，超长部分应剪去，保持焊枪合适的倾角和喷嘴高度，焊丝对准引弧处。注意此时焊丝端部与焊件未接触。

按下焊枪上的控制开关，焊机自动提前送气，延时接通电源，当焊丝碰撞焊件短路后，自动引燃电弧。

二、焊接

引燃电弧后，通常都采用左向焊法，焊接过程中，焊工的主要作用是保持焊枪合适的倾角、电弧对中位置和喷嘴高度，沿焊接方向尽可能地均匀移动，当坡口较宽时，为保证两侧熔合好，焊枪还要作横向摆动。同时焊工必须能够根据焊接过程，判断焊接参数是否合适。焊工主要依靠在焊接过程中看到的熔池的情况、坡口面熔化和熔合情况、电弧的稳定性、飞溅的大小以及焊缝成形的好坏来选择焊接参数。

采用短路过渡方式进行焊接时，若焊接参数合适，主要是焊接电流与电弧电压匹配，则焊接过程中电弧稳定，可观察到周期性的短路，可听到均匀的、周期性的啪啪声，熔池平稳，飞溅较小，焊缝成形好。

如果电弧电压太高，熔滴短路过渡频率降低，电弧功率增大，容易烧穿，甚至熄弧。

若电压太低，可能在熔滴很小时就引起短路，焊丝未熔化部分插入熔池后产生固体短路，在短路电流作用下，这段焊丝突然爆断，使气体突然膨胀，从而冲击熔池，产生严重的飞溅，破坏焊接过程。

三、收弧

焊接结束前必须收弧，若收弧不当，容易产生弧坑，并出现弧坑裂纹、气孔等缺陷。操作时可以采取以下措施：

CO_2气体保护焊机有弧坑控制电路，即可以调整收弧电流和收弧电压，这时应将焊机调整在四步工作模式，第一步按下焊枪控制开关，这时焊机以正常焊接电流电压工作；第二步松开焊枪控制开关，这时焊机不会停止，仍然以正常焊接电流电压工作；第三步再按下焊枪控制开关不放，这时焊机接通弧坑控制电路，以收弧电流电压进行焊接，待熔池填满，第四步松开焊枪控制开关，焊机停止焊接。

若气保焊机没有弧坑控制电路，或因焊接电流小、没有使用弧坑控制电路时，在收弧处焊枪停止前进，并在熔池未凝固时，反复断弧、引弧几次，直至弧坑填满为止。操作时动作要快，若熔池已凝固才引弧，则可能产生未熔合及气孔等缺陷。

不论采用哪种方法收弧，操作时需特别注意，收弧时，焊枪除停止前进外，不能抬高喷嘴，即使弧坑已填满，电弧已熄灭，也要让焊枪在弧坑处停留几秒钟后才能移开，因为灭弧后，控制线路仍保证延迟送气一段时间，以保证熔池凝固时能得到可靠的保护，若收弧时抬高焊枪，则容易因保护不良引起缺陷。

四、焊缝接头

CO_2气体保护焊不可避免地要接头，为保证接头质量，首先将待焊接头处用角向磨光机打磨成斜面，然后在斜面顶部引弧，引燃电弧后，将电弧移至斜面底部，转一圈返回引弧处后再继续向左焊接，如图 11-23 所示。

引弧处

图 11-23　焊缝接头处的引弧操作

【技能训练 1】 平板对接平焊

一、焊前准备

① 焊丝型号 ER50-6，直径 1.0mm，一盘；NBC-500 焊机一台。

② 焊件。低碳钢钢板，规格 300mm×125mm×12mm，开 30°V 形坡口，每组两块。

③ 工件清理。将焊件待焊处 20mm 范围内除锈、去污，至露出金属光泽。

④ 安装焊丝并连接焊机与供气系统。

⑤ 打开焊机开关，调整气体流量和焊接电流及焊接电压到规定值。

二、装配与定位焊

装配间隙及定位焊如图 11-24 所示。试件对接平焊的反变形如图 11-25 所示。

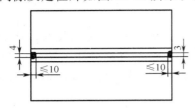

图 11-24　板厚 12mm 的装配间隙及定位焊　　　图 11-25　板厚 12mm 对接平焊的反变形

三、焊接工艺参数

表 11-3 为焊接工艺参数。

表 11-3　焊接工艺参数

焊道层次	焊丝直径/mm	焊接电流/A	焊接电压/V	焊丝伸出长度/mm	焊接层数	气体流量/ (L/min)
打底焊		90～110	18～20			12～15
填充焊	1.2	220～240	24～26	15～20	3	20
盖面焊		230～250	24～26			20

四、焊接操作要领

采用向左焊法，三层三道，对接平焊。试板间隙小的一端放在右侧。

1. 打底层

调整好打底层焊道的焊接参数后，在试板右端预焊点左侧约 20mm 处坡口的一侧引弧，待电弧引燃后，迅速右移至试板右端头定位焊缝上，当定位焊缝表面和坡口面熔合出现熔池后，向左开始焊接打底层焊道，焊枪沿坡口两侧作小幅度横向摆动，并控制电弧在离底边 2～3mm 处燃烧，当坡口底部熔孔直径达到 4～5mm 时转入正常焊接。打底层焊道应注意以下事项：

① 电弧始终对准焊道的中心线，在坡口内作小幅度横向摆动，并在坡口两侧稍微停留，使熔孔直径比间隙大 1～2mm，焊接时要仔细观察熔孔，并根据间隙和熔孔直径的变化调整焊枪的横向摆动幅度和焊接速度，尽可能地维持熔孔的直径不变，以保证获得宽窄和高低均匀的反面焊缝。

② 依靠电弧在坡口两侧的停留时间，保证坡口两侧熔合良好，使打底层焊道两侧与坡口结合处稍下凹，焊道表面保持平整，如图 11-26 所示。

③ 焊打底层焊道时，要严格控制喷嘴的高度，电弧必须在离坡口底部 2～3mm 处燃烧，保证打底层焊道厚度不超过 4mm。

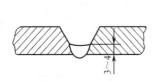
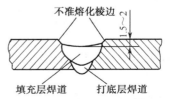

图 11-26　打底层焊道　　　　　图 11-27　填充层焊道

2. 填充层

调试好填充层焊道的参数后，在试板右端开始焊填充焊道层，焊枪的倾斜角度、电弧对中位置与打底焊相同，焊枪横向摆动的幅度较焊打底层焊道时稍大，焊接速度较慢，应注意熔池两侧的熔合情况，保证焊道表面平整并稍下凹，坡口两侧咬边。焊填充层焊道时要特别注意，除保证焊道表面的平整并稍下凹外，还要掌握焊道厚度，其要求如图 11-27 所示，焊接时不允许熔化棱边。

3. 盖面层

调试好盖面层焊道的焊接参数后，从右端开始焊接，焊枪的倾斜角度与电弧对中位置和打底层焊相同。但需注意以下事项：

① 保持喷嘴高度，特别注意观察熔池边缘，熔池边缘必须超过坡口上表面棱边 0.5～1.0mm，并防止咬边。

② 焊枪的横向摆动幅度比焊填充层焊道时稍大，应尽量保持焊接速度均匀，使焊缝外形美观。

五、评分标准

评分标准见表 11-4。

表 11-4　评分标准

序号	考核内容	考核要点	配分	评分标准	检测结果	得分
1	焊前准备	劳动着装及工具准备齐全，并符合要求，参数设置、设备调试正确	5	工具及劳保着装不符合要求，参数设置、设备调试不正确有一项扣 1 分		
2	焊接操作	试件固定的空间位置符合要求	10	试件固定的空间位置超出规定范围不得分		
3	焊缝外观	两面焊缝表面不允许有焊瘤、气孔和烧穿等缺陷	10	出现任何一种缺陷不得分		
		焊缝咬边深度≤0.5mm，两侧咬边总长度不超过焊缝有效长度的 15%	8	① 咬边深度≤0.5mm 累计长度每 5mm 扣 1 分 累计长度超过焊缝有效长度的 15% 不得分 ② 咬边深度＞0.5mm 不得分		
		未焊透深度≤15%δ 且≤1.5mm，总长度不超过焊缝有效长度的 10%	8	① 未焊透深度≤15%δ 且≤1.5mm，累计长度超过焊缝有效长度的 10% 不得分 ② 未焊透深度超标不得分		
		背面凹坑深度≤25%δ 且≤1mm，总长度不超过焊缝有效长度的 10%	4	① 背面凹坑深度≤25%δ 且≤1mm，背面凹坑长度每 5mm 扣 1 分 ② 背面凹坑深度＞1mm 时不得分		
		双面焊缝余高 0～3mm，焊缝宽度比坡口每侧增 0.5～2.5mm，宽度误差≤3mm	10	每种尺寸超差一处扣 2 分，扣满 10 分为止		
		错边≤10%δ	5	超差不得分		
		焊后角变形误差≤3°	5	超差不得分		
4	内部质量	X 射线探伤	30	Ⅰ 级片不扣分，Ⅱ 级片扣分，Ⅲ 级片不得分		
5	其他	安全文明生产	5	设备、工具复位，试件、场地清理干净，有一处不符合要求扣 1 分		
6	定额	操作时间		每超 1min 从总分中扣 2 分		

续表

序号	考核内容	考核要点	配分	评分标准	检测结果	得分
合计			100			
	否定项	① 焊缝表面存在裂纹、未熔合缺陷 ② 焊接操作时任意更改试件位置 ③ 焊缝原始表面破坏 ④ 焊接时间超出定额的 50%				
	参数说明	δ 为试件厚度				

【技能训练 2】 板对接立焊

一、焊前准备

① 焊丝型号 ER50-6，直径 1.0mm，一盘；NBC-500 焊机一台。

② 焊件。低碳钢钢板，规格 300mm×125mm×12mm，开 30°V 形坡口，每组两块。

③ 工件清理。将焊件待焊处 20mm 范围内除锈、去污，至露出金属光泽。

④ 安装焊丝并连接焊机与供气系统。

⑤ 打开焊机开关，调整气体流量和焊接电流及焊接电压到规定值。

二、装配与定位焊

装配间隙及定位焊如图 11-28 所示。试件对接立焊的反变形如图 11-29 所示。

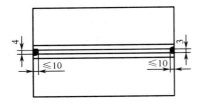

图 11-28　板厚 12mm 的装配间隙及定位焊

图 11-29　板厚 12mm 对接立焊的反变形

三、焊接工艺参数

表 11-5 为焊接工艺参数。

表 11-5　焊接工艺参数

焊道层次	焊丝直径/mm	焊接电流/A	焊接电压/V	焊丝伸出长度/mm	焊接层数	气体流量/ (L/min)
打底焊		90~110	18~20			12~15
填充焊	1.2	130~150	20~22	15~20	3	12~15
盖面焊		130~150	20~22			12~15

四、焊接操作要领

采用向上立焊法，三层三道，对接平焊。试板间隙小的一端放在下侧。

1. 打底层

调整好打底层焊道的焊接参数后，在试板右端预焊点左侧约 20mm 处坡口的一侧引弧，待电弧引燃后，迅速右移至试板右端头定位焊缝上，当定位焊缝表面和坡口面熔合出现熔池后，向左开始焊接打底层焊道，焊枪沿坡口两侧作小幅度横向摆动，并控制电弧在离底边 2~3mm 处燃烧，当坡口底部熔孔直径达到 4~5mm 时转入正常焊接。

焊打底层焊道时应注意以下事项：

① 电弧始终对准焊道的中心线，在坡口内作小幅度横向摆动，并在坡口两侧稍微停留，使熔孔直径比间隙大 1～2mm，焊接时要仔细观察熔孔，并根据间隙和熔孔直径的变化调整焊枪的横向摆动幅度和焊接速度，尽可能地维持熔孔的直径不变，以保证获得宽窄和高低均匀的反面焊缝。

② 依靠电弧在坡口两侧的停留时间，保证坡口两侧熔合良好，使打底层焊道两侧与坡口结合处稍下凹，焊道表面保持平整，如图 11-30 所示。平板对接向上立焊如图 11-31 所示。

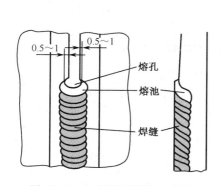

图 11-30 立焊时的熔孔与熔池

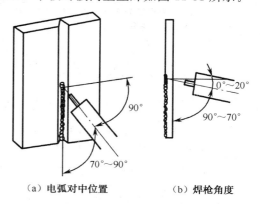

（a）电弧对中位置　　　（b）焊枪角度

图 11-31 平板对接向上立焊

③ 焊打底层焊道时，要严格控制喷嘴的高度，电弧必须在离坡口底部 2～3mm 处燃烧，保证打底层焊道厚度不超过 4mm，如图 11-32 所示。

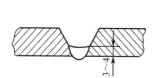

图 11-32 打底层焊道

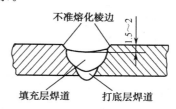

图 11-33 填充层焊道

2. 填充层

调试好填充层焊道的参数后，在试板右端开始焊填充焊道层，焊枪的倾斜角度、电弧对中位置与打底焊相同，焊枪横向摆动的幅度较焊打底层焊道时稍大，焊接速度较慢，应注意熔池两侧的熔合情况，保证焊道表面平整并稍下凹，坡口两侧咬边。焊填充层焊道时要特别注意，除保证焊道表面的平整并稍下凹外，还要掌握焊道厚度，其要求如图 11-33 所示，焊接时不允许熔化棱边。

3. 盖面层

调试好盖面层焊道的焊接参数后，从右端开始焊接，焊枪的倾斜角度和电弧对中位置与打底层焊相同。但需注意以下事项：

① 保持喷嘴高度，特别注意观察熔池边缘，熔池边缘必须超过坡口上表面棱边 0.5～1.0mm，并防止咬边。

② 焊枪的横向摆动幅度比焊填充层焊道时稍大，应尽量保持焊接速度均匀，使焊缝外形美观。

五、评分标准

评分标准见表 11-6。

表 11-6　评分标准

序号	考核内容	考核要点	配分	评分标准	检测结果	得分
1	焊前准备	劳动着装及工具准备齐全，并符合要求，参数设置、设备调试正确	5	工具及劳保着装不符合要求，参数设置、设备调试不正确有一项扣 1 分		
2	焊接操作	试件固定的空间位置符合要求	10	试件固定的空间位置超出规定范围不得分		
3	焊缝外观	两面焊缝表面不允许有焊瘤、气孔和烧穿等缺陷	10	出现任何一种缺陷不得分		
		焊缝咬边深度≤0.5mm，两侧咬边总长度不超过焊缝有效长度的 15%	8	① 咬边深度≤0.5mm 累计长度每 5mm 扣 1 分 累计长度超过焊缝有效长度的 15% 不得分 ② 咬边深度＞0.5mm 不得分		
		未焊透深度≤15%δ 且≤1.5mm，总长度不超过焊缝有效长度的 10%	8	① 未焊透深度≤15%δ 且≤1.5mm，累计长度超过焊缝有效长度的 10% 不得分 ② 未焊透深度超标不得分		
		背面凹坑深度≤25%δ 且≤1mm，总长度不超过焊缝有效长度的 10%	4	① 背面凹坑深度≤25%δ 且≤1mm，背面凹坑长度每 5mm 扣 1 分 ② 背面凹坑深度＞1mm 时不得分		
		双面焊缝余高 0～3mm，焊缝宽度比坡口每侧增 0.5～2.5mm，宽度误差＜3mm	10	每种尺寸超差一处扣 2 分，扣满 10 分为止		
		错边≤10%δ	5	超差不得分		
		焊后角变形误差≤3°	5	超差不得分		
4	内部质量	X 射线探伤	30	Ⅰ 级片不扣分，Ⅱ 级片扣分，Ⅲ 级片不得分		
5	其他	安全文明生产	5	设备、工具复位，试件、场地清理干净，有一处不符合要求扣 1 分		
6	定额	操作时间		每超 1min 从总分中扣 2 分		
	合计		100			
	否定项	① 焊缝表面存在裂纹、未熔合缺陷 ② 焊接操作时任意更改试件位置 ③ 焊缝原始表面破坏 ④ 焊接时间超出定额的 50%				
	参数说明	δ 为试件厚度				

【技能训练 3】 板对接横焊

一、焊前准备

① 焊丝型号 ER50-6，直径 1.0mm，一盘；NBC-500 焊机一台。

② 焊件。低碳钢钢板，规格 300mm×125mm×12mm，开 30°V 形坡口，每组两块。

③ 工件清理。将焊件待焊处 20mm 范围内除锈、去污，至露出金属光泽。

④ 安装焊丝并连接焊机与供气系统。

⑤ 打开焊机开关，调整气体流量和焊接电流及焊接电压到规定值。

二、装配与定位焊

装配间隙及定位焊如图 11-34 所示。试件对接横焊的反变形如图 11-35 所示。

图 11-34　板厚 12mm 的焊道分布

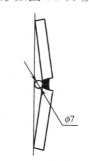

图 11-35　对接横焊反变形

三、焊接工艺参数

表 11-7 为焊接工艺参数。

表 11-7　焊接工艺参数

焊道层次	焊丝直径/mm	焊接电流/A	焊接电压/V	焊丝伸出长度/mm	气体流量/（L/min）
打底焊		100～110	20～22		
填充焊	1.2	130～150	20～22	12～15	20～25
盖面焊		130～150	22～24		

四、焊接操作要领

采用左向焊法，三层六道，按图 11-34 中 1～6 顺序进行焊接。焊前先检查试板的装配间隙及反变形是否合适，把试板垂直固定好，间隙小的一端放在右侧。

1. 打底焊

调整好打底焊的焊接参数，如图 11-36 所示，保持焊枪角度，从右向左进行焊接。在焊件右端的定位焊缝上引弧，以锯齿形小幅度摆动自右向左焊接，当预焊点左侧形成熔孔后，保持熔孔边缘超过坡口棱边 0.5～1mm 较合适，如图 11-37 所示。焊道中间接头打磨如图 11-38 所示。

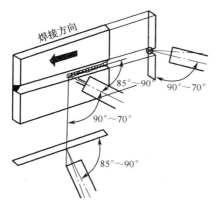

图 11-36　横焊打底层焊道焊枪角度与电弧对中位置

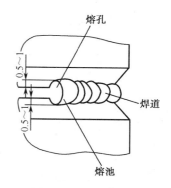

图 11-37　横焊熔孔与焊道

2. 填充层

调整好焊接参数后，调整好焊枪的仰俯角及电弧对中位置，如图 11-39 所示。焊填充层焊道②时，焊枪成 0～10°俯角，电弧以打底层焊道的下边缘为中心做横向摆动，保证下坡口熔合好；焊填充层焊道③时，焊枪成 0～10°仰角，电弧以打底层焊道的上边缘为中心，在焊道②和坡口上表面间摆动，保证熔合良好。

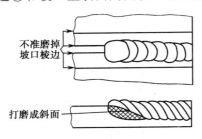

图 11-38　焊道接头处打磨要求

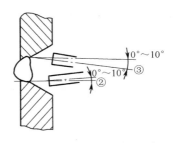

图 11-39　横焊填充层焊道焊枪对中位置及角度

3. 盖面层

调整好焊接参数后，按要求进行焊接。

五、评分标准

评分标准见表 11-8。

表 11-8　评分标准

序号	考核内容	考核要点	配分	评分标准	检测结果	得分
1	焊前准备	劳动着装及工具准备齐全，并符合要求，参数设置、设备调试正确	5	工具及劳保着装不符合要求，参数设置、设备调试不正确有一项扣 1 分		
2	焊接操作	试件固定的空间位置符合要求	10	试件固定的空间位置超出规定范围不得分		
3	焊缝外观	两面焊缝表面不允许有焊瘤、气孔和烧穿等缺陷	10	出现任何一种缺陷不得分		
		焊缝咬边深度≤0.5mm，两侧咬边总长度不超焊缝有效长度的 15%	8	① 咬边深度≤0.5mm 累计长度每 5mm 扣 1 分 累计长度超过焊缝有效长度的 15% 不得分 ② 咬边深度>0.5mm 不得分		
		未焊透深度≤15%δ 且≤1.5mm，总长度不超过焊缝有效长度的 10%	8	① 未焊透深度≤15%δ 且≤1.5mm，累计长度超过焊缝有效长度的 10% 不得分 ② 未焊透深度超标不得分		
		背面凹坑深度≤25%δ 且≤1mm，总长度不超过焊缝有效长度的 10%	4	① 背面凹坑深度≤25%δ 且≤1mm，背面凹坑长度每 5mm 扣 1 分 ② 背面凹坑深度>1mm 时不得分		
		双面焊缝余高 0~3mm，焊缝宽度比坡口每侧增 0.5~2.5mm，宽度误差≤3mm	10	每种尺寸超差一处扣 2 分，扣满 10 分为止		
		错边≤10%δ	5	超差不得分		
		焊后角变形误差≤3°	5	超差不得分		
4	内部质量	X 射线探伤	30	Ⅰ级片不扣分，Ⅱ级片扣分，Ⅲ级片不得分		
5	其他	安全文明生产	5	设备、工具复位，试件、场地清理干净，有一处不符合要求扣 1 分		
6	定额	操作时间		每超 1min 从总分中扣 2 分		
合计			100			
否定项	① 焊缝表面存在裂纹、未熔合缺陷 ② 焊接操作时任意更改试件位置 ③ 焊缝原始表面破坏 ④ 焊接时间超出定额的 50%					
参数说明	δ 为试件厚度					

第十二章　钨极氩弧焊

第一节　钨极氩弧焊设备

钨极氩弧焊是由氩气作为保护气体，利用钨极与焊件之间建立的电弧，产生热量，熔化母材和不通电的填充丝形成焊接熔池，使焊件之间达到原子连接的一种焊接方法。

一、钨极氩弧焊设备组成

钨极氩弧焊设备组成如图 12-1 所示。

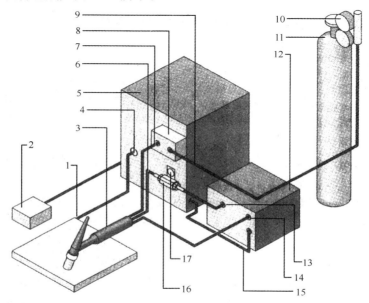

图 12-1　手工钨极氩弧焊设备基本组成示意图

1—地线夹；2—遥控器；3—焊枪；4—地线端子；5—焊接电源；6—水冷电缆；7—气体出口；
8—气阀；9—气体进口；10—减压器/流量计；11—气体保护气瓶；12—循环水箱；
13—冷却水进口；14—冷却水出口；15—辅助电源线；16—焊接电缆接头；17—焊接电缆端子

二、焊枪

氩弧焊焊枪的作用如下：装夹钨极，传导焊接电流，输出保护气体，启动或停止整机的工作系统。优质的氩弧焊焊枪应能保证气体呈层流状均匀喷出，气流挺度良好，抗干扰能力强，应有足够大的保护电压，能满足焊接工艺的要求。手工钨极氩弧焊焊枪由枪体、钨极夹头、夹头套筒、绝缘帽和喷嘴等几部分组成。焊枪的型号编制及含义如下：

例如：QS-85°/250 型水冷式氩弧焊焊枪，出气角度 85°，额定电流 250A。

三、焊接电源

直流手工钨极氩弧焊机，电弧稳定，结构最简单。为了实现不接触引弧，也需要用高频振荡器引弧，这样可使引弧可靠，引弧点准确，防止接触引弧处产生夹钨。由于钨极允许使用的最大电流受极性影响，这类焊机只能在直流正接的情况下（焊件接正极）工作，常用来焊接碳素钢、不锈钢、耐热钢、钛及其合金、铜及其合金。直流手工钨极氩弧焊机可以配用各种类型的具有陡降外特性的直流弧焊电源。目前最常用的是配用逆变电源的直流手工钨极氩弧焊机，这类焊机属于 WS 系列。

四、供气系统

供气系统由气瓶、减压阀、流量计等构成，如图 12-1 所示。

第二节　钨极氩弧焊焊接工艺

一、钨极选择

钨极氩弧焊用钨极的直径是一个比较重要的参数，因为钨极的直径决定了焊枪的结构尺寸、重量和冷却形式，会直接影响焊工的劳动条件和焊接质量。因此，必须根据焊接电流选择合适的钨极直径。

二、焊接电流

钨极氩弧焊焊接电流增加时，熔深增大，焊缝宽度与余高稍增加，但增加得很少。通常根据焊件的材质、厚度和接头的空间位置选择焊接电流。

如果钨极较粗，焊接电流很小，由于电流密度低，钨极端部温度不够，电弧会在钨极端部不规则地飘移，电弧很不稳定，破坏了保护区，熔池被氧化，焊缝成形不好，而且容易产生气孔。

当焊接电流超过了相应直径的许用电流时，由于电流密度太高，钨极端部温度达到或超过钨极的熔点，可看到钨极端部出现熔化迹象，端部很亮，当电流继续增大时，熔化了的钨极在端部形成一个小尖状突起，逐渐变大，形成熔滴，电弧随熔滴尖端飘移，很不稳定，这不仅破坏了氩气保护区，使熔池被氧化，焊缝成形不好，而且熔化的钨滴落入熔池后会产生夹钨缺陷。

当焊接电流合适时，电弧很稳定。

三、焊接电压

电弧电压主要由弧长决定，弧长增加，焊缝宽度增加，熔深稍减小。若电弧太长，容易引起未焊透及咬边，而且保护效果也不好；若电弧太短，很难看清熔池，而且送丝时容易碰到钨极引起短路，使钨极受污染，加大钨极烧损，还容易造成夹钨。通常使弧长近似等于钨极直径。

四、钨极伸出长度及形状

① 钨极端头至喷嘴端头的距离叫钨极伸出长度。钨极伸出长度越小，喷嘴与焊件间距离越近，保护效果越好，但过近会妨碍观察熔池，电弧过热会烧坏喷嘴。通常焊对接缝时，钨极伸出长度为 5～6mm 较好；焊角焊缝时，钨极伸出长度为 7～8mm 较好。

② 钨极端部形状对焊接电弧燃烧稳定性及焊缝成形影响很大。使用交流电源时，钨极端部应磨成半球形；使用直流电源时，钨极端部应磨成圆锥形或截头锥形，易于高频引燃电

弧，并且电弧比较稳定。钨极端部的锥度也影响焊缝的熔深，减小锥角可减小焊道的宽度，增加焊缝的熔深。常用的钨极端头几何形状如图 12-2 所示。

磨削钨极时，应采用密封式或抽风式砂轮机，焊工应戴口罩，磨削完毕应洗净手、脸。

五、气体流量

气体流量通常跟喷嘴直径有关，喷嘴直径越大，焊接保护区范围越大，要求保护气的流量也越大。可按下式选择喷嘴直径：

$$D = (2.5 \sim 3.5)\, d_w$$

式中　　D——喷嘴直径，mm；

　　　　d_w——钨极直径，mm。

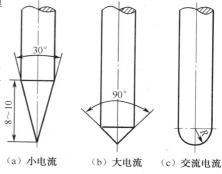

(a) 小电流　　(b) 大电流　　(c) 交流电流

图 12-2　常用钨极端头几何形状

通常焊枪选定后，喷嘴直径也就确定了，这时决定保护效果的是氩气流量。氩气流量太小时，保护气流软弱无力，保护效果不好。氩气流量太大，容易产生紊流，保护效果也不好。保护气流量合适时，喷出的气流是层流，保护效果好。氩气的流量可按下式计算：

$$Q = (0.8 \sim 1.2)\, D$$

式中　　Q——氩气流量，L/min；

　　　　D——喷嘴直径，mm。

实际生产中，通常可根据试焊情况选择流量，流量合适时，保护效果好，熔池平面明亮，没有渣，焊缝外形美观，表面没有氧化痕迹；若流量不合适，保护效果不好，熔池表面上有渣，焊缝表面发黑或有氧化皮。在有风的地方焊接时，应适当增加氩气流量。

第三节　钨极氩弧焊操作技术

一、引弧

为了提高焊接质量，手工钨极氩弧焊多采用引弧器引弧，如高频振荡器或高压脉冲发生器，使氩气电离而引燃电弧。其优点是：钨极与焊件不接触就能在施焊点直接引燃电弧，钨极端头损耗小；引弧处焊接质量高，不会产生夹钨缺陷，不允许钨极直接与试板或坡口面接触引弧。

二、焊接

① 打底层焊道应一气呵成，不允许中途停止。打底层焊道应具有一定厚度：对于壁厚≤10mm 的管子，其厚度不得小于 2～3mm；壁厚＞10mm 的管子，其厚度不得小于 4～5mm，打底层焊道需经自检合格后，才能进行填充盖面焊。

② 焊接时，要掌握好焊枪角度、送丝位置，力求送丝均匀，才能保证焊道成形。为了获得比较宽的焊道，保证坡口两侧的熔合质量，氩弧焊枪也可横向摆动，但摆动频率不能太高，幅度不能太大，以不破坏熔池的保护效果为原则，由焊工灵活掌握。焊完打底层焊道后，焊第二层时，应注意不得将打底层焊道烧穿，防止焊道下凹或背面剧烈氧化。为了保证手工钨极氩弧焊的质量，焊接过程中始终要注意以下几个问题：

a. 保持正确的持枪姿势，随时调整焊枪角度及喷嘴高度，既有可靠的保护效果，又便于观察熔池。

b. 注意观察焊后钨极形状和颜色的变化，焊接过程中，如果钨极没有变形，焊后钨极端部为银白色，则说明保护效果好；如果焊后钨极发蓝，说明保护效果较差，如果钨极端部发黑或有瘤状物，说明钨极已被污染，多半是焊接过程中发生了短路，或粘了很多飞溅，使头部变成了合金，必须将这段钨极磨掉，否则容易夹钨。

c. 送丝要均匀，不能在保护区搅动，防止卷入空气。

三、焊缝接头

无论打底层或填充层焊接，控制接头的质量是很重要的。因为接头是两段焊缝交接的地方，由于温度的差别和填充金属量的变化，该处易出现超高、缺肉、未焊透、夹渣（夹杂）、气孔等缺陷。所以焊接时应尽量避免停弧，减少冷接头次数，控制焊缝接头质量。

焊缝接头处要有斜坡，不能有死角。重新引弧的位置在原弧坑后面，使焊缝重叠 20～30mm，重叠处一般不加或只加少量焊丝。熔池要贯穿到焊缝接头的根部，以确保接头处熔透。

四、填丝

1. 连续填丝

这种填丝操作技术较好，对保护层的扰动小，但比较难掌握。连续填丝时，要求焊丝比较平直，用左手拇指、食指、中指配合动作送丝，无名指和小指夹住焊丝控制方向，连续填丝时手臂动作不大，待焊丝快用完时才前移。当填丝量较大，采用强工艺参数时，多采用此法。

2. 断续填丝

以焊工的左手拇指、食指、中指捏紧焊丝，焊丝末端应始终处于氩气保护区内，上下反复动作，将焊丝端部的熔滴送入熔池，全位置焊接时多用此法。

3. 焊丝贴紧坡口与钝边一起熔入

即将焊丝弯成弧形，紧贴在坡口间隙处，焊接电弧熔化坡口钝边的同时也熔化焊丝。这时要求对口间隙应小于焊丝直径，此法可避免焊丝遮住焊工视线，适用于困难位置的焊接。

4. 填丝注意事项

① 必须等坡口两侧熔化后才填丝，以免造成熔合不良。

② 填丝时，焊丝应与工件表面夹角成150°，从熔池前沿点进，随后撤回，如此反复动作。

③ 填丝要均匀，快慢适当。过快，焊缝余高大；过慢，则焊缝产生下凹和咬边。焊丝端头应始终处在氩气保护区内。

④ 对口间隙大于焊丝直径时，焊丝应跟随电弧作同步横向摆动。无论采用哪种填丝动作，送丝速度均应与焊接速度相适应。

⑤ 填充焊丝不应把焊丝直接放在电弧下面，把焊丝抬得过高也是不适宜的，不应让熔滴向熔池"滴渡"，填丝的正确位置如图 12-3 所示。

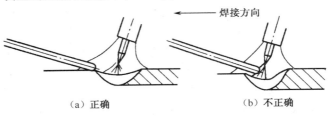

（a）正确　　　　　　　　（b）不正确

图 12-3　填丝的正确位置

⑥ 操作过程中，如不慎使钨极与焊丝相碰，发生瞬间短路，将产生很大的飞溅和烟雾，会造成焊缝污染和夹钨。这时，应立即停止焊接，用砂轮磨掉被污染处，直至磨出金属光泽。被污染的钨极，应在别处重新引弧，熔化掉污染端部，或重新磨尖后，方可继续焊接。

⑦ 撤回焊丝时，切记不要让焊丝端头撤出氩气保护区，以免焊丝端头被氧化，在下次点进时，进入熔池，造成氧化物夹渣或产生气孔。

五、收弧

收弧不当，会影响焊缝质量，使弧坑过深或产生弧坑裂纹，甚至造成返修。一般氩弧焊设备都配有电流自动衰减装置，若无电流衰减装置时，多采用改变操作方法来收弧，其基本要点是逐渐减少热量输入，如改变焊枪角度、拉长电弧、加快焊速。对于管子封闭焊缝，最后的收弧，一般多采用稍拉长电弧，重叠焊缝20～40mm，在重叠部分不加或少加焊丝。停弧后，氩气开关应延时10s左右再关闭（一般设备上都有提前送气、滞后关气的装置），焊枪停留在收弧处不能抬高，利用延迟关闭的氩气保护收弧处凝固的金属，可防止金属在高温下继续氧化。

【技能训练】板对接平焊

一、焊前准备

① 选用6mm钢板，最好用Q345（16Mn），尺寸规格6mm×300mm×100mm，开60°V形坡口，将待焊区清理干净，露出金属光泽。

② 选用H08Mn2Si或H05MnSiAlTiZr焊丝，直径2.5mm，截至800～1000mm，用砂布及棉纱擦净焊丝上的油、锈等脏物，必要时还可用丙酮清洗。

③ 选用纯度99.95%的氩气，钨极选用牌号WTh-15钍钨极，采用规格φ2.5mm×175mm，端部磨成30°圆锥形。

④ 连接好供气系统，接通电源，调整好焊接工艺参数。

二、装配与定位焊

表12-1为装配与定位焊。

表12-1 装配与定位焊

坡口角度	装配间隙	钝边高度	反变形角	错边量
60°	始焊道2mm 终焊道3mm	0	3°	≤1mm

三、焊接工艺参数

表12-2为焊接工艺参数。

表12-2 焊接工艺参数　　　　mm

焊道层次	焊接电流/A	电弧电压/V	氩气流量/（L/min）	钨极直径	焊丝直径	钨极伸出长度	喷嘴直径	喷嘴至焊件距离
打底焊	90～100	12～16	7～9	2.5	2.5	4～8	10	≤12
填充焊	100～110							
盖面焊	110～120							

四、焊接操作要领

1. 打底焊

在试板右侧定位焊缝上进行引弧后，焊枪停留在原位置不动，稍预热后，当定位焊缝外侧形成熔池，并形成熔孔后，开始填丝焊接，自右向左焊接。封底焊时，应减小焊枪角度，使电弧热量集中在焊丝上，采用较小的焊接电流，加快焊接速度和送丝速度，熔滴要小，避免焊缝下凹和烧穿。填丝动作要熟练、均匀，送丝要有规律，焊枪移动要平稳，速度一致。熔池增大，焊缝变宽并出现下凹时，说明熔池温度太高，应减小焊枪与试件的夹角，加快焊接速度。当熔池小时，说明熔池温度低，应增大焊枪角度，减慢焊接速度，保证背面焊道良好的成形（接头要点：如果没有氧化皮，可在弧坑右侧15～20mm处引弧，并慢慢向左移动，待原弧坑处开始形成熔池和熔孔后，继续填丝焊接，如果有氧化皮，可用角向磨光机将氧化皮或缺陷磨掉再进行焊接），焊至试板末端，应减小焊枪与焊件的夹角，使热量集中在焊丝上，加大焊丝熔化量，填满弧坑。

2. 填充焊

操作步骤和打底焊相同，但焊枪应横向摆动，一般做锯齿形，比打底层焊道宽，两侧稍作停留。

3. 盖面焊

盖面层焊道焊接时，进一步加大焊枪摆动幅度，保证熔池两侧超过坡口两边0.5～1.5mm，根据焊道的余高决定填丝速度。

五、评分标准

评分标准见表12-3。

表 12-3　评分标准

序号	考核内容	考核要点	配分	评分标准	检测结果	得分
1	焊前准备	劳动着装及工具准备齐全，并符合要求，参数设置、设备调试正确	5	工具及劳保着装不符合要求，参数设置、设备调试不正确一项扣1分		
2	焊接操作	试件固定的空间位置符合要求	10	试件固定的空间位置超出规定范围不得分		
3	焊缝外观	两面焊缝表面不允许有焊瘤、气孔和烧穿等缺陷	10	出现任何一种缺陷不得分		
		焊缝咬边深度≤0.5mm，两侧咬边总长度不超过焊缝有效长度的15%	8	① 咬边深度≤0.5mm 累计长度每5mm扣1分 累计长度超过焊缝有效长度的15%不得分 ② 咬边深度＞0.5mm不得分		
		未焊透深度≤15%δ且≤1.5mm，总长度不超过焊缝有效长度的10%	8	① 未焊透深度≤15%δ且≤1.5mm，累计长度超过焊缝有效长度的10%不得分 ② 未焊透深度超标不得分		
		背面凹坑深度≤25%δ且≤1mm，总长度不超过焊缝有效长度的10%	4	① 背面凹坑深度≤25%δ且≤1mm，背面凹坑长度每5mm扣1分 ② 背面凹坑深度＞1mm时不得分		
		双面焊缝余高0～3mm，焊缝宽度比坡口每侧增0.5～2.5mm，宽度误差≤3mm	10	每种尺寸超差一处扣2分，扣满10分为止		
		错边≤10%δ	5	超差不得分		
		焊后角变形误差≤3°	5	超差不得分		

序号	考核内容	考核要点	配分	评分标准	检测结果	得分
4	内部质量	X 射线探伤	30	Ⅰ级片不扣分，Ⅱ级片扣分，Ⅲ级片不得分		
5	其他	安全文明生产	5	设备、工具复位，试件、场地清理干净，有一处不符合要求扣 1 分		
6	定额	操作时间		每超 1min 从总分中扣 2 分		
合计			100			
否定项	① 焊缝表面存在裂纹、未熔合缺陷 ② 焊接操作时任意更改试件位置 ③ 焊缝原始表面破坏 ④ 焊接时间超出定额的 50%					
参数说明	δ 为试件厚度					

第四篇　埋　弧　焊

第十三章　埋弧焊基础知识

第一节　埋弧焊概述

一、概述

埋弧焊是焊接结构生产中最常用的优质高效焊接方法。目前主要用于焊接各种钢板结构。可以焊接碳素结构钢、低合金结构钢、不锈钢、耐热钢和复合钢材等，在造船、锅炉、压力容器、桥梁、起重机械及冶金机械制造中应用最广泛，已成为工业生产中最常采用的高效焊接方法之一。

二、埋弧焊的特点

1. 埋弧自动焊的优点

① 生产效率高。由于埋弧焊时，焊丝的伸出长度较小，可以采用较大的焊接电流，焊接电流对焊丝的预热作用比焊条电弧焊大得多，再加上电弧在密封的熔剂壳膜中燃烧，热效率极高，使焊丝的熔敷效率增大、母材熔深大，提高了焊接速度。

② 焊缝质量好。埋弧焊时，焊接区受到焊剂和渣壳的可靠保护，大大减少了有害气体侵入的机会。焊接参数自动调节，焊接过程比较稳定，因此焊缝的化学成分、性能及尺寸比较均匀，焊缝质量优良，焊缝外表光滑美观，如图13-1所示。

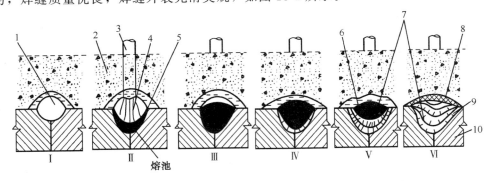

图 13-1　埋弧焊时焊缝的成形过程

1—气泡；2—焊剂；3—焊丝；4—电弧；5—熔池金属；6—熔渣；7—焊缝；8—渣壳；9—已结晶的焊缝；10—母材

③ 劳动条件好。由于埋弧焊实现了焊接过程机械化，操作较简便，减轻了焊工的劳动强度；由于电弧在焊剂层下燃烧，没有弧光的有害影响，放出的烟尘较少，改善了劳动条件。

2. 埋弧自动焊的缺点

① 焊接位置受限制，只能在水平或倾斜度不大的位置施焊。

② 焊接设备比较复杂，机动灵活性差，仅适用于长焊缝的焊接。

③ 当焊接电流小于100A时，电弧的稳定性不好，因此薄板焊接较困难，目前板厚小于2mm的焊件还无法采用埋弧焊。

④ 由于采用较大的焊接电流，所以熔池较深，因此熔池中的气体往往来不及逸出而留在焊缝内形成气孔，因而对气孔敏感性较大。

⑤ 焊接设备的占地面积较大，设备一次投资费用较高。

第二节 埋弧焊的工作原理

埋弧焊是利用在焊剂层下燃烧的电弧产生热量熔化焊丝、焊剂和母材金属而形成焊缝。如图13-2所示，在埋弧焊中，颗粒状的焊剂对电弧和焊接区起保护作用，填充金属可采用实心焊丝或药芯焊丝，可以在焊接结构生产中采用各种钢材。

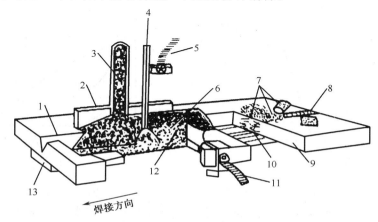

图13-2 埋弧焊焊接过程原理

1—焊缝坡口；2—焊剂挡板；3—焊剂输送管；4—焊丝；5—电缆；6—焊剂；7—熔渣；
8—焊缝表面；9—母材；10—焊缝金属；11—地线；12—熔化的焊缝金属；13—衬垫

埋弧焊时，不仅要求引弧可靠，而且要求焊接参数在焊接过程中始终保持稳定，即焊丝的熔化速度和送丝速度相等，保证焊缝全长都能获得优良的质量。埋弧焊影响焊丝熔化速度的主要焊接参数是焊接电流和电弧电压。

外界许多因素如焊件表面不平，坡口加工不规则，装配质量不高，焊道上有定位焊缝等都会使电弧长度发生变化而干扰焊接电流和焊接电压；另外，网路电压波动也会影响焊接电流和焊接电压。所有这些都会影响埋弧焊的正常进行，必须对其进行调整才能保证埋弧焊焊接时焊丝的送丝速度和焊丝熔化速度相匹配。

为保证焊丝的送丝速度与焊丝熔化速度相等，有两种方法来保证：一种是等速度送丝式，依靠电弧自身调节焊丝熔化速度，使其与送丝速度相等。另一种是变速度送丝式，依靠电弧电压反馈控制送丝速度，使其与焊丝熔化速度相等。

一、等速送丝式

等速送丝式也称为电弧自身调节系统。在埋弧焊接时，焊丝以预定的速度等速送进，利用电弧焊时焊丝的熔化速度与焊接电流和电弧电压之间的固有规律自动进行调整。

图13-3所示为这种调节系统的静特性曲线。v_{f1}、v_{f2}、v_{f3}为三种送丝速度所对应的电弧静特性曲线。它实际上就是焊接过程中电弧的稳定工作曲线，或称等熔化速度曲线。电弧在

这一曲线上任何一点工作时，焊丝熔化速度是不变的，并恒等于焊丝的送进速度，焊接过程稳定。

电弧在此曲线以外的点上工作时，焊丝的熔化速度不等于焊丝的送进速度，因此，焊接过程不稳定。当焊接条件改变时，系统的静特性曲线就会相应地改变。下面分别讨论在弧长波动和网路电压波动两种干扰情况下，电弧自身调节系统的工作情况。

1. 弧长波动调节过程

这种系统在弧长波动时，经过电弧自身调节作用，可以使电弧完全恢复到波动前的长度，即能使焊接参数恢复到预定值，其调节过程用图13-4说明。在弧长变化之前，电弧的稳定工作点为O_0。O_0点是电弧静特性曲线L_0、电源外特性曲线MN和电弧自身调节系统静特性曲线C三者的交点。电弧以该点对应的焊接参数燃烧时，焊丝的熔化速度等于焊丝的送进速度，焊接过程稳定。

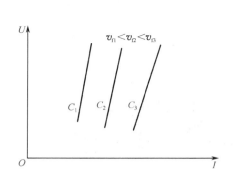

图 13-3　电弧自身调节系统的静特性曲线　　　　　图 13-4　弧长变化时电弧自身调节过程

如果外界干扰使弧长缩短，电弧静特性曲线变为L_1，它与电源外特性曲线交于O_1点，电弧暂时移至此点工作，这时O_1点不在C曲线上而在其右侧，其实际焊接电流I_1大于维持电弧稳定地燃烧所需的电流I_0，因而焊丝的熔化速度大于焊丝的送进速度，这将使弧长逐渐增加，直到恢复至L_0；当外界干扰使电弧突然拉长时，电弧静特性曲线上移，焊接电流变小，焊丝熔化速度变慢，电弧会自动恢复到原有长度稳定地燃烧。由此可见，这种系统的调节作用是由于等速送丝时弧长变化使焊接电流变化，导致焊丝熔化速度变化，使弧长自动恢复到原始状态。

这种电弧自身调节作用的强弱与焊丝直径、焊接电流和焊接电源外特性曲线的斜率有关。焊丝直径越细，焊接电流越大，电弧自身调节作用越强。对某一直径的焊丝存在一个临界电流值，见表13-1。焊接电流等于或大于此值时，电弧自身调节作用增强（恢复时间短），焊接过程稳定。焊丝直径大时，临界电流值较大，焊接电流的选择受到一定限制。缓降外特性曲线焊接电源的电弧自身调节作用强。

表 13-1　电弧自身调节作用的临界电流值

焊丝直径/mm	2	3	4	5
临界电流/A	280	400	530	700

2. 网路电压波动

网路电压波动将使焊接电源的外特性曲线发生移动，它对电弧自身调节系统造成的影响如图13-5所示。

当送丝速度一定时，电弧自身调节系统静特性曲线C、电弧静特性曲线L_1与网路电压

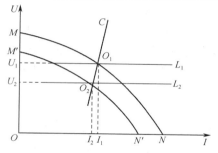

图 13-5　网路电压波动对电弧自身调节系统的影响

波动前的电源外特性曲线 MN 交于 O_1 点，点 O_1 为电弧的稳定工作点。如果网路电压降低，将使焊接电源的外特性曲线由 MN 下降到 $M'N'$，电弧工作点移到 O_2 点。显然点 O_2 的焊接参数也满足焊丝熔化速度等于送丝速度的稳定条件，因而也是稳定工作点。此时电弧长度缩短，电弧静特性曲线变为 L_2。在此情况下，除非网路电压恢复到原先的值，否则电弧将在 O_2 点稳定工作，而不能恢复到 O_1 点。因此，电弧自身调节系统的调节能力不能消除网路电压波动时对焊接参数的影响。

采用电弧自身调节系统的埋弧焊机宜配用缓降或平外特性的焊接电源。这一方面是因为缓降或平外特性的电源在弧长发生波动时引起的焊接电流变化大，导致焊丝熔化速度变化快，因而可提高电弧自身调节系统的调节速度；另一方面是缓降或平外特性电源在网路电压波动时引起的弧长变化小，可减小网路电压波动对焊接参数（特别是对电弧电压）的影响。

二、变速送丝式

电弧电压反馈自动调节系统（均匀调节系统）利用电弧电压反馈控制送丝速度。在受到外界因素对弧长的干扰时，通过强迫改变送丝速度来恢复弧长，也称为均匀调节系统。

凡在电弧电压反馈调节系统静特性曲线上的每一点都是稳定工作点，即电弧以曲线上任一点对应的焊接参数燃烧时，焊丝的熔化速度都等于焊丝的送进速度，焊接过程稳定地进行。曲线与纵坐标的截距，由给定电压值 U_g 决定，如图 13-6 所示。焊接过程中，系统不断地检测电弧电压，并与给定电压进行比较。当电弧电压高于维持静特性曲线所需值而使电弧工作点位于曲线上方时，系统将按比例加大送丝速度；反之，系统将自动

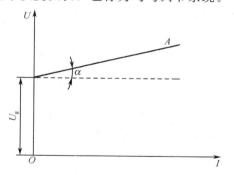

图 13-6　电弧电压反馈自动调节系统静特性曲线

减慢送丝速度。只有当电弧电压与给定电压使电弧工作点位于静特性曲线上时，电弧电压反馈调节系统才不起作用，此时焊接电弧处于稳定工作状态。下面分别讨论弧长波动和网路电压波动两种干扰时，电弧电压反馈调节系统的工作情况。

1. 弧长波动时的调节过程

图 13-7 中 O_0 点是弧长波动前的稳定工作点，它由电弧静特性曲线 L_0、电源外特性曲线 MN 和电弧电压反馈调节系统静特性曲线 A 三条曲线的交点决定。电弧在 O_0 点工作时，焊丝的熔化速度等于焊丝的送进速度，焊接过程稳定。

当外界干扰使弧长突然变短，则电弧静特性曲线降至 L_1，此时电弧静特性曲线与 A 曲线交于 O_2 点，焊丝的送进速度由 O_2 点的电压决定，因 O_2 点的电压低于 O_0 点，将使送丝速度减慢，电弧逐渐变长，电压沿 A 曲线向 O_0 点靠近而逐渐升高，从而实现了电弧电压的自动调节，使弧长恢复到原值。

弧长变短的过程中，电弧静特性曲线还与电源外特性曲线相交于 O_1 点，即此时焊接电流有所增大，将使焊丝熔化速度加快，也就是说，电弧的自身调节也对弧长的恢复起了辅助

作用，从而加快了调节过程。可见，这种系统的调节作用是在弧长变化后主要通过电弧电压的变化改变焊丝的送进速度，从而使弧长得以恢复的，应用于变速送丝式埋弧焊机。

电弧电压反馈自动调节系统需要利用电弧电压反馈调节器进行调节。目前埋弧焊机常用的电弧电压反馈调节器为发电机-电动机自动调节器，这种调节器的调节系统电路原理如图 13-8 所示。

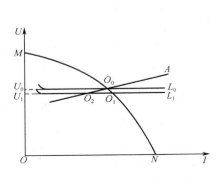

图 13-7 电弧电压反馈自动
调节系统的调节作用

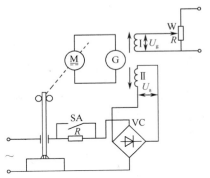

图 13-8 发电机-电动机电弧电压反馈
自动调节系统电路原理

供给送丝电动机 M 转子电压的发电机 G 有两个他励励磁线圈 Ⅰ 和 Ⅱ。Ⅰ 由电位器上取得一个给定控制电压 U_g，产生磁通 Φ_1；Ⅱ 由电弧电压的反馈信号提供励磁电压 U_a，产生磁通 Φ_2。Φ_1 与 Φ_2 方向相反。当 Φ_1 单独作用时，发电机输出的电动势使电动机 M 向退丝方向转动；当 Φ_2 单独作用时，发电机输出的电动势使电动机 M 向送丝方向转动。

Φ_1 与 Φ_2 合成磁通的方向和大小将决定发电机 G 输出电动势的方向和大小，并随之决定电动机 M 的转向与转速，即决定焊丝的送丝方向和速度。正常焊接时，电弧电压稳定，且 $\Phi_2 > \Phi_1$，电动机 M 将以一个稳定的转速送进焊丝。

当弧长变短时，电弧电压降低，Ⅱ 的励磁电压（即反馈电弧电压）减小，励磁线圈 Ⅱ 磁通量 Φ_2 减小，励磁线圈 Ⅰ 产生的磁通量不变，励磁线圈合成磁通量减小，使发电机 G 的输出电动势降低，导致送丝电动机 M 电枢电压降低，送丝速度变慢，这时焊丝熔化速度大于送丝速度，弧长增加，强迫电弧电压恢复到稳定值，完成调节过程。

当弧长变长时，电弧电压升高，Ⅱ 的励磁电压（即反馈电弧电压）增大，励磁线圈 Ⅱ 磁通量 Φ_2 增大，励磁线圈 Ⅰ 产生的磁通量不变，励磁线圈合成磁通量增大，使发电机 G 的输出电动势升高，导致送丝电动机 M 电枢电压升高，送丝速度增大，这时焊丝熔化速度小于送丝速度，弧长缩短，强迫电弧电压恢复到稳定值，完成调节过程。

送丝速度 V_f 与反馈电弧电压、给定电压之间的关系可用下式表示：

$$V_f = K \; (U_a - U_g)$$

式中，K 为电弧电压反馈自动调节器的放大倍数，表示当电弧电压改变 1V 时送丝速度 V_f 改变量。K 的大小除取决于调节器的结构参数外，还取决于电弧电压反馈量的大小。如图 13-8 所示，电阻 R 和与其并联的开关 SA，就是为满足不同直径焊丝的需要而设计的。调节系统的最大优点是可以利用同一电路实现电动机 M 的无触点正反转控制。

2. 网路电压波动时的调节过程

网路电压波动后焊接电源的外特性也随之产生相应的变化。图 13-9 所示为网路电压降低时电弧电压反馈调节系统的工作情况。随着网路电压的下降，焊接电源的外特性曲线从

MN 变为 $M'N'$。网路电压变化的瞬间，弧长尚未变动，仍为 L_0，但是电源的外特性曲线变为 $M'N'$ 后的电弧工作点随之移到 O_1 点，由于 O_1 点在 A 曲线的上方，因而它不是稳定工作点，即电弧在 O_1 点处工作时焊丝的送进速度大于其熔化速度，因而电弧工作点沿曲线 $M'N'$ 移动，最终到达与 A 曲线的交点 O_2，点 O_2 为新的稳定工作点，O_1 点与 O_2 点相比较，除电弧电压相应降低外，焊接电流有较大波动，除非网路电压恢复为原来的值，否则这种调节系统不能使电弧恢复到原来的稳定状态 O_0 点。

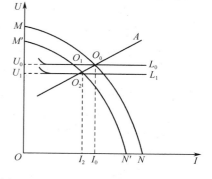

图 13-9　网路电压波动时对电弧电压反馈自动调节系统的影响

电弧电压反馈自动调节系统在网路电压波动时，引起焊接电流变化的大小与焊接电源外特性曲线形状有关。陡降外特性曲线在网路电压波动时引起的焊接电流波动小；反之，缓降外特性曲线则引起的焊接电流波动大。为了防止因网路电压波动引起焊接电流波动过大，这种调节系统宜配用具有陡降外特性的焊接电源。同时为了容易引弧和使电弧稳定地燃烧，焊接电源应有较高的空载电压。

表 13-2 为两种调节系统的比较。

表 13-2　两种调节系统的比较

两种调节系统比较项目	调节原理	
	电弧自身调节作用	电弧电压反馈自动调节作用
控制电路及机构	简单	复杂
采用送丝方式	等速送丝	变速送丝
采用的电源外特性	平特性或缓降特性	陡降或垂直（恒流）特性
电弧电压调节方法	改变电源外特性	改变送丝系统的给定电压
焊接电流调节方法	改变送丝速度	改变电源的外特性
控制弧长恒定的效果	好	好
网路电压波动的影响	电弧电压产生的静态误差	焊接电流产生的静态误差
适用的焊丝直径/mm	0.8～3.0	3.0～6.0

第三节　埋弧焊设备

一、埋弧焊电源

埋弧焊两种调节系统的适用范围和引起焊接参数的误差类型是不同的，选用电源时应注意：

目前，国内外生产的埋弧焊用电源均具有平、陡两种外特性，便于焊工按工艺要求任意选用。

埋弧焊时采用直流电比交流电能更好地控制焊道形状和熔深，且引弧容易。直流反接（焊丝接正极）焊接时，可获得最大的熔深和最佳的焊缝表面。直流正接（焊丝接负极）焊接时，焊丝熔化速度约提高 35%，使焊缝余高增加，熔深变浅。

两种调节系统对埋弧焊电源的总体要求是：

① 引弧容易，焊接过程中电弧稳定燃烧。

② 焊接参数可持续保持稳定、波动小，调节范围宽，可适应各种工艺要求。

③ 电源外特性可调整，能与不同的送丝系统相配。

④ 具有良好的动特性，焊接电压和电流瞬时波动小。

二、埋弧焊小车

小车式埋弧焊机控制电路原理如图 13-10 所示。标准型小车式埋弧焊机的组成如图 13-11所示，能焊接位于水平面或与水平面倾斜角不大于 10°的倾斜面内的各种坡口的对接焊缝、搭接焊缝和角接焊缝等。这种焊机采用电弧电压反馈的变速送丝原理，电子电路灵敏度高，响应速度快，弧长非常稳定，使用直流弧焊电源，电弧燃烧稳定，电网补偿好。能根据引弧时焊丝与焊件的接触情况自动实现反抽引弧或刮擦引弧，还能根据弧长自动熄弧，能保证焊接质量，简化操作，减轻劳动强度。送丝和焊接小车移动均由直流电动机拖动，采用晶闸管无级调速，调速均匀可靠。

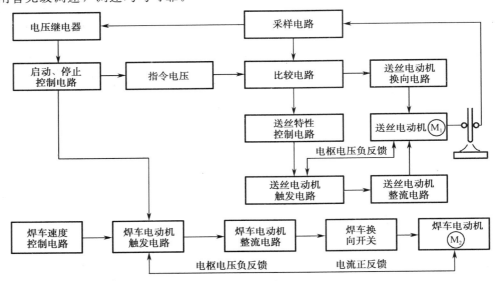

图 13-10　小车式埋弧焊机控制电路原理

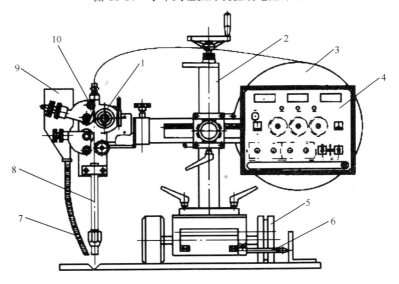

图 13-11　标准型小车式埋弧焊机的组成

1—送丝机；2—焊头调整机构；3—焊丝盘；4—控制盒；5—行走小车；
6—导向机构；7—送焊剂软管；8—导电嘴；9—焊剂斗；10—焊丝校正机构

第四节　埋弧焊用焊丝和焊剂

一、碳钢焊丝和焊剂

根据 GB/T5293—1999《埋弧焊用碳钢焊丝和焊剂》，碳钢埋弧焊用焊剂型号按焊丝-焊剂组合的熔敷金属力学性能和试样热处理状态等进行划分，其编号方法为：

以字母"F"表示焊剂，其后第一位数字表示该焊丝-焊剂组合的熔敷金属抗拉强度标准规定的最小值，具体规定见表 13-3。

第二位字母表示试件的热处理状态，其中"A"表示焊后状态，"P"表示焊后热处理状态。第三位数字表示熔敷金属冲击吸收功不小于 27J 时的最低试验温度，详见表 13-4。

符号"-"后面的代号表示焊丝的牌号，按 GB/T14957—1994 的规定。

碳钢埋弧焊焊剂-焊丝标准型号示例：

$$F4A2 - H08A$$

F　　——焊剂代号；
4　　——熔敷金属最低抗拉强度 415 MPa；
A　　——试件为焊后状态；
2　　——熔敷金属冲击试验温度为 -20℃；
H08A——焊丝牌号。

表 13-3　碳钢埋弧焊焊剂-焊丝组合熔敷金属拉伸强度等级

焊剂型号	抗拉强度 σ_b/MPa	屈服点 σ_s/MPa	断后伸长率/%
F4××-1-1×××	415～550	≥330	≥22
F5××-1-1×××	480～650	≥400	≥22

表 13-4　碳钢埋弧焊熔敷金属冲击吸收功不小于 27J 的最低试验温度分级代号

焊剂型号	冲击吸收功/J	试验温度/℃
F××0-H×××	≥27	0
F××2-H×××		-20
F××3-H×××		-30
F××4-H×××		-40
F××5-H×××		-50
F××6-H×××		-60

二、低合金钢焊丝和焊剂

根据 GB/T 12470—2003《埋弧焊用低合金钢焊丝和焊剂》，低合金钢埋弧焊焊剂标准型号编制原则基本上与碳钢埋弧焊焊剂相同。

焊剂代号仍用字母"F"表示，其后两位数字表示熔敷金属的最低抗拉强度等级，具体规定见表 13-5。

第三位字母表示试样状态，"A"代表焊后状态，"P"代表焊后热处理状态（按熔敷金属合金成分而定）。

第四位数字表示熔敷金属冲击试验温度等级，详见表 13-6。

"-"后面列出焊丝牌号 H×××，按 GB/T 14957—1994 的规定。

当要求限制扩散氢含量时，用后缀"H×"表示，详见表 13-7。

表 13-5 低合金钢埋弧焊焊剂型号和熔敷金属的力学性能

焊剂型号	抗拉强度 σ_b/MPa	屈服点 σ_s/MPa	断后伸长率 δ_5/%
F48××-H×××	480～660	400	22
F55××-H×××	550～700	470	20
F62××-H×××	620～760	540	17
F69××-H×××	690～830	610	16
F76××-H×××	760～900	680	15
F83××-H×××	830～970	740	14

表 13-6 熔敷金属冲击试验温度分级代号及冲击吸收功的要求

焊剂型号	冲击吸收功/J	试验温度/℃
F××0-H×××		0
F××2-H×××		−20
F××3-H×××		−30
F××4-H×××	≥27	−40
F××5-H×××		−50
F××6-H×××		−60
F××7-H×××		−70
F××10-H×××		−100
F××Z-H×××	不要求	

表 13-7 熔敷金属扩散氢含量等级

焊剂型号	扩散氢含量/（mL/100g）	焊剂型号	扩散氢含量/（mL/100g）
F××××-H×××-H16	16.0	F××××-H×××-H4	4.0
F××××-H×××-H8	8.0	F××××-H×××-H2	2.0

F55A4-H08MnMoA-H8

F	——焊剂代号；
55	——熔敷金属抗拉强度等级为 550MPa；
A	——试件为焊后状态；
4	——熔敷金属冲击试验温度−40℃；
H08MnMoA	——焊丝牌号；
H8	——熔敷金属扩散氢含量不大于 8mL/100g。

三、不锈钢焊丝和焊剂

根据 GB/T 17854—1999《埋弧焊用不锈钢焊丝和焊剂》，埋弧焊用不锈钢焊丝和焊剂以字母"F"表示焊剂，其后三位数字表示熔敷金属的化学成分和力学性能要求。如对化学成分有特殊要求，则附加化学元素符号。较低的碳含量用"L"表示，列于数字后面，"-"后面表示焊丝的牌号。熔敷金属力学性能要求及其相对应的数字代号见表 13-8。

表 13-8 不锈钢埋弧焊焊剂型号及相对应的熔敷金属力学性能

熔剂型号	抗拉强度 σ_b/MPa	断后伸长率 δ_5/%
F308-H×××	520	30
F308L-H×××	480	25

熔 剂 型 号	抗拉强度 σ_b/MPa	断后伸长率 δ_5/%
F309-H×× ×	520	
F309Mo-H×× ×	550	
F310-H×× ×	520	
F316-H×× ×		
F316L-H×× ×	480	30
F316CuL-H×× ×		
F317-H×× ×	520	25
F347-H×× ×		
F410-H×× ×①	440	20
F430-H×× ×②	450	17

① 试样经 840～870℃×2h 热处理，以小于 55℃/h 的冷却速度炉冷至 590℃，随后空冷。

② 试样经 760～785℃×2h 热处理，以小于 55℃/h 的冷却速度炉冷至 590℃，随后空冷。

注：表中的数值均为最小值。

不锈钢埋弧焊焊剂-焊丝标准型号示例：

$$F308L\text{-}H00Cr21Ni10$$

F　　　　　　　　——焊剂代号；

308　　　　　　　——熔敷金属种类代号；

L　　　　　　　　——熔敷金属碳含量较低；

H00Cr21Ni10——焊丝牌号。

四、焊剂牌号

在实际工业生产中，习惯上大多采用焊剂的商品牌号。上述焊剂标准型号的缺点是未能表征焊剂的特性。而焊剂的商品牌号用以表征焊剂的特性和主要化学成分。

1. 熔炼焊剂牌号的表示方法

$$HJ×_1×_2×_3$$

HJ ——"焊剂"两字汉语拼音的第一个字母；

$×_1$ ——用数字 1～4 表示，代表焊剂的类型及 MnO 的平均含量，详见表 13-9；

$×_2$ ——用数字 1～9 表示，表示熔炼焊剂中 SiO_2 和 CaF_2 的平均含量，见表 13-10。

表 13-9　熔炼焊剂牌号中 $×_1$ 的含义

焊剂牌号	焊剂类型	焊剂中 Mn 的含量（质量分数）/%
$HJ1×_2×_3$	无锰焊剂	<2
$HJ2×_2×_3$	低锰焊剂	2～15
$HJ3×_2×_3$	中锰焊剂	15～30
$HJ4×_2×_3$	高锰焊剂	>30

第三位数字表示相同类型焊剂中的不同编号，以 0、1、2、…、9 排序，牌号后加"×"，表示焊剂为细颗粒，粒度范围 0.28～1.60mm，不加"×"为普通颗粒（0.45～2.50mm）。

熔炼焊剂牌号举例：

$$HJ431×$$

HJ ——埋弧焊用熔炼焊剂；

4 ——高锰焊剂；

3 ——高硅低氟型；

1 ——高锰高硅低氟焊剂中的第一种；

× ——细颗粒度。

表 13-10　熔炼焊剂牌号中×₂的含义

焊 剂 牌 号	焊 剂 类 型	平均含量（质量分数）/％	
		SiO_2	CaF_2
$HJ×_11×_3$	低硅低氟型	<10	<10
$HJ×_12×_3$	中硅低氟型	10～30	<10
$HJ×_13×_3$	高硅低氟型	>30	<10
$HJ×_14×_3$	低硅中氟型	<10	10～30
$HJ×_15×_3$	中硅中氟型	10～30	10～30
$HJ×_16×_3$	高硅中氟型	>30	10～30
$HJ×_17×_3$	低硅高氟型	<10	>30
$HJ×_18×_3$	中硅高氟型	10～30	>30
$HJ×_19×_3$	其他类型	—	—

2. 烧结焊剂牌号的表示方法

$SJ×_1×_2×_3$

SJ ——"烧结"两字汉语拼音的第一个字母，表示埋弧焊用烧结焊剂；

$×_1$ ——用数字 1～6 表示，代表焊剂熔渣的渣系，如表 13-11 所示；

$×_2×_3$ ——同一渣系中不同的编号，按自然顺序排列。

表 13-11　烧结焊剂牌号中×₁的含义

焊 剂 牌 号	渣系类型	主要成分（质量分数）
$SJ1××$	氟碱型	$CaF_2 \geqslant 15\%$，$CaO+MgO+MnO+CaF_2 > 50\%$，$SiO_2 < 20\%$
$SJ2××$	高铝型	$Al_2O_3 \geqslant 20\%$，$Al_2O_3+CaO+MgO > 45\%$
$SJ3××$	硅钙型	$CaO+MgO+SiO_2 > 60\%$
$SJ4××$	硅锰型	$MnO+SiO_2 > 50\%$
$SJ5××$	铝钛型	$Al_2O_3+TiO_2 > 45\%$
$SJ6××$	其他型	—

烧结焊剂牌号示例：

碳钢、低合金钢埋弧焊用烧结焊剂 SJ301

SJ ——烧结焊剂；

3 ——硅钙型渣系；

01 ——该渣系中的第 1 种烧结焊剂。

烧结焊剂相对于熔炼焊剂由于其制造工艺简单，配方灵活，工艺性能优良，对环境污染程度低等，必将逐步取代熔炼焊剂。

第十四章　埋弧焊焊接工艺

第一节　焊接主要工艺参数选择

　　埋弧焊焊接工艺参数的制定，应以相应的焊接工艺试验结果或焊接工艺评定试验结果为依据。完整的埋弧焊工艺包括焊接坡口的设计，焊前准备，焊接材料的选定，焊接工艺参数的制定和焊接操作技术。焊接参数从两方面决定了焊缝的质量。一方面，焊接电流、电弧电压和焊接速度三个参数综合的焊接热输入影响着焊缝的力学性能；另一方面，这些参数分别影响焊缝的成形，也影响到焊缝的抗裂性、对气孔和夹渣的敏感性。只有这些参数的合理匹配才能焊接成形良好且无缺陷的焊缝。

　　埋弧焊焊接工艺参数可分主要参数和次要参数。主要参数是指那些直接影响焊缝质量和生产效率的参数。它们是指焊接电流、电弧电压、焊接速度、电流种类及极性和预热温度等。对焊缝质量产生有限影响的参数为次要参数。它们是指焊丝伸出长度、焊丝倾角、焊丝与焊件的相对位置、焊剂粒度、焊剂堆散高度和多丝焊的丝间距离等。

一、焊接电流

　　焊接电流是决定焊丝熔化速度、熔透深度和母材熔化量的最重要的参数。埋弧焊的焊接电流主要按已选定的焊丝直径和所要求的熔透深度来选择，同时考虑所焊钢种的焊接性对焊接热输入量的限制。焊接电流对熔透深度的影响最大，它与熔透深度几乎成正比关系。如图 14-1 所示为 I 形对接焊和 Y 形坡口对接焊时，焊接电流与熔透深度之间的关系曲线。其数学关系式为：

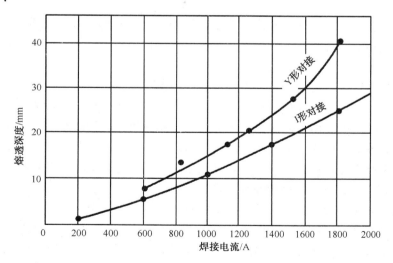

图 14-1　熔透深度与焊接电流的关系曲线

$$H = K_m I$$

式中　H ——熔透深度，mm；

　　　K_m ——熔透系数；

I——焊接电流，A。

熔透系数 K_m 取决于焊丝直径和电流种类。对于 2.0mm 直径的焊丝，$K_m = 1.0 \sim 1.7$；对于 5.0mm 焊丝，$K_m = 0.7 \sim 1.3$。采用交流电埋弧焊时，K_m 一般在 $1.1 \sim 1.3$。

焊接电流对焊缝横截面形状和熔深的影响如图 14-2 所示，在其他参数不变的条件下，随着焊接电流的提高，熔深和余高同时增大，焊缝形状系数（熔宽/熔深之比）变小。如图 14-3所示为焊接电流与焊缝横截面形状尺寸参数曲线。

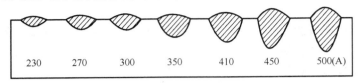

图 14-2 焊接电流对焊缝横截面形状和熔深的影响

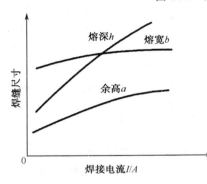

图 14-3 焊接电流与焊缝横截面
形状尺寸参数曲线

为防止产生接缝烧穿和焊缝裂纹，焊接电流不宜选得过大，但电流过小也会使焊接过程不稳定，并造成未焊透或未熔合。因此，对于直边对接接头，焊接电流按所要求的最低熔透深度来选择。对于开坡口接头的填充层，焊接电流主要按焊缝最佳成形的原则来选定。

对于某一特定焊接接头，适用的焊接电流范围窄得多。在焊接过程中容许的电流波动不应超过 $\pm 5\%$。因此，在焊接工艺规程中规定的焊接电流是一个标定值或是更窄的电流范围。对于碳钢和低合金钢接头，焊接电流通常按所要求的熔透深度来选定。高强度钢和不锈钢接头的焊接，焊接电流应按钢材焊接性试验结果确定的容许最大热输入来选定。

此外，焊丝直径决定了焊接电流的密度，因而也会对焊缝横截面形状产生一定的影响。总的趋势是，采用细丝焊接时，形成深而窄的焊道，采用粗焊丝时，形成宽而浅的焊道。

二、焊接电压

电弧电压是决定焊道宽度的主要焊接参数。因此，电弧电压应按所要求的焊道宽度来选择，同时应考虑电弧电压与焊接电流的匹配关系。电弧电压与电弧长度成正比。在其他参数不变的条件下，随着电弧电压的提高，焊缝的宽度明显增大，而熔深和余高则略有减小。电弧电压过高时，形成宽而浅的焊道，从而导致未焊透和咬边等缺陷的产生。此外，焊剂的熔化量增多，使焊波表面粗糙，脱渣困难，降低电弧电压，能提高电弧的挺度，但电弧电压过低，会形成高而窄的焊道，使边缘熔合不良。

在焊接电流保持不变的条件下，电弧电压对焊缝形状的影响见图 14-4。为获得成形良好的焊道，电弧电压与焊接电流应相互匹配。当焊接电流增大时，应适当提高电弧电压。图 14-5所示为采用高硅高锰熔炼焊剂埋弧焊时，焊接电流与电弧电压之间的对应关系。可见，随着焊接电流的提高，电弧电压大致以 100：1.3 的比例增高。例如：当焊接电流为 $750 \sim 800A$ 时，对于中等熔宽的焊道，对应的电弧电压为 $31 \sim 32V$，对于宽焊道，对应的电弧电压为 $35 \sim 36V$。在实际生产中，为保证焊道具有足够的熔宽，一般均取较高的电弧电压。

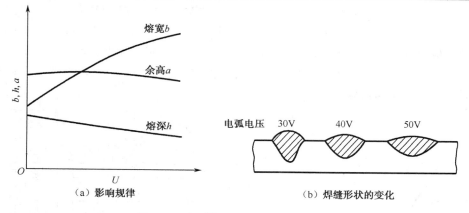

（a）影响规律　　　　　　　　　（b）焊缝形状的变化

图 14-4　电弧电压对焊缝成形的影响

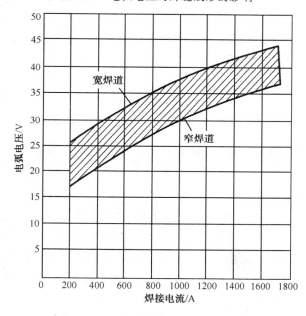

图 14-5　焊接电流与电弧电压的对应关系

三、焊接速度

　　焊接速度决定了单位长度焊缝上的热输入。在其他参数不变的条件下，提高焊接速度，单位长度焊缝上的热输入和填充金属量减少，使熔深、熔宽和余高都相应减小，如图 14-6 所示。焊接速度和焊缝尺寸之间的关系如图 14-7 所示曲线。

　　焊接速度太快，会产生咬边和气孔等缺陷，焊道外形变差。如焊接速度太慢，可能引起焊缝烧穿。如电弧电压同时较高，可能导致焊缝横截面呈蘑菇形，在某些不利条件的共同作用下，可能导致焊缝产生人字形裂纹或液化裂纹。因此，焊接速度应与所选定的焊接电压适当匹配。

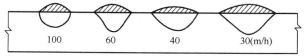

图 14-6　不同焊接速度下焊缝横截面形状

　　埋弧焊时，焊接速度与焊接电流之间亦存在一定的匹配关系。图 14-8 所示为焊道不产生咬边的焊接速度与焊接电流的对应关系。由图可见，在 1000A 焊接电流下，焊道不产生咬边的最高极限速度为 50cm/min。焊接电流愈小，容许的极限速度愈高。大量的试验证明，焊接速度与焊接电流的关系还与所采用的焊剂种类和特性有关。因此，当选用不同焊剂时，应通过焊接工艺试验加以修正。

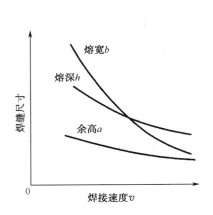

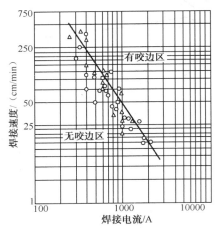

图 14-7　焊接速度对焊缝形状尺寸的影响　　图 14-8　焊道不产生咬边的焊接速度与焊接电流的对应关系

第二节　其他工艺参数的选择

一、焊丝伸出长度

　　埋弧焊时，焊丝的熔化速度由电弧热和电阻热共同决定。电阻热是指伸出导电嘴的一段焊丝通过焊接电流时产生的加热量，焊丝的熔化速度与伸出长度成正比。图 14-9 所示为焊丝伸出长度与焊丝熔化速度的关系。伸出长度愈长，电阻热愈大，熔化速度愈快。

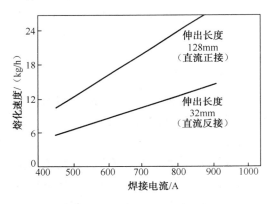

图 14-9　焊丝伸出长度与焊丝熔化速度的关系

　　当电流密度高于 125A/mm² 时，焊丝伸出长度对焊缝形状的影响较为明显。在较低的电弧电压下，增加伸出长度，焊道宽度变窄，熔深减小，余高增加。在焊接电流保持不变的情况下，加大焊丝伸出长度，可使熔化速度提高 25%～50%。因此，为保持良好的焊道成形，应适当提高电弧电压和焊接速度。在不要求深熔的情况下，可加大伸出长度来提高熔敷率，要求深熔时不推荐加大焊丝伸出长度。

　　为保证焊缝成形良好，对于不同直径的焊丝，推荐采用以下最佳焊丝伸出长度和最大伸出长度：

　　① 对于直径 2.0mm、2.5mm 和 3.0mm 的焊丝，最佳焊丝伸出长度为 30～50mm，最大伸出长度为 75mm。

　　② 对于直径 4.0mm、5.0mm 和 6.0mm 的焊丝，最佳伸出长度为 50～80mm。

二、焊剂粒度和堆散高度

焊剂粒度和堆散高度对焊道的成形也有一定的影响。焊剂的粒度应根据所使用的焊接电流值来选择，细颗粒焊剂适用于大的焊接电流，能获得较大的熔深和宽而平坦的焊缝表面。如在较低的焊接电流下使用细颗粒焊剂，因焊剂层密封性较好，气体不易逸出，而在焊缝表面留下斑点。相反，如在大的焊接电流下使用粗颗粒焊剂，则因焊剂层保护不足而在焊缝表面形成凹坑或出现粗糙的波纹。焊剂粒度与所使用的焊接电流范围的最佳关系见表 14-1。

表 14-1　焊剂粒度与焊接电流的关系

焊剂颗粒度[①]	8×48	12×65	12×150	20×200
焊接电流/A	<600	<600	500~900	600~1200

① 筛网目数。例 8×48 表示，90%~95% 的颗粒能通过每平方英寸（25mm²）8 孔的筛网，2%~5% 的颗粒能通过每平方英寸（25mm²）48 孔的筛网。

焊剂堆散高度太薄或太厚都会在焊缝表面引起斑点、凹坑、气孔并改变焊道的形状。焊剂堆散高度太薄，电弧不能完全埋入焊剂中，电弧燃烧不稳定且出现闪光，热量不集中，降低焊缝熔透深度。如焊剂堆散层太厚，电弧受到熔渣壳的物理约束，而形成外形凹凸不平的焊缝，但熔透深度增加。因此，焊剂层的厚度应加以控制，使电弧不再暴露，同时又能使反应气体从焊丝周围均匀逸出。按照焊丝直径和所使用的焊接电流值，焊剂层的堆散高度通常在 25~40mm。焊丝直径愈大，电流愈高，堆散高度应愈大。

三、焊丝倾角和偏移度

焊丝的倾角对焊道的成形有明显的影响，焊丝相对于焊接方向可作向前倾斜和向后倾斜，顺着焊接方向倾斜称为前倾，背着焊接方向倾斜称为后倾。如图 14-10 所示，焊丝前倾时，电弧大部分热量集中于焊接熔池，电弧吹力使熔池向后推移，因而形成熔深大、余高大、熔宽窄的焊道。而焊丝后倾时，电弧热量大部分集中于未熔化的母材，从而形成熔深浅、余高小、熔宽大的焊道。

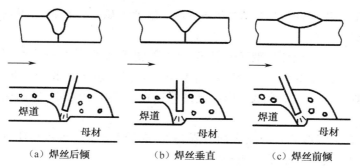

（a）焊丝后倾　　　　（b）焊丝垂直　　　　（c）焊丝前倾

图 14-10　焊丝倾角对焊缝形状的影响

压力容器筒体环缝埋弧焊时，焊丝与筒身中心垂线的相对位置对焊道的成形有很大的影响。环缝焊时，焊件在不断地旋转，熔化的焊剂和金属熔池由于离心力的作用而倾向于离开电弧区流动。因此，为防止熔化金属的溢流和焊道成形不良，应将焊丝逆焊件旋转方向后移适当距离，使焊接熔池正好在焊件转到中心位置时凝固。如后偏量过大，则会形成熔深浅、表面下凹的焊道，而后偏量过小，则会形成熔深大而窄的焊道，且中间凸起，有时还可能出现咬边。焊丝最佳偏移量主要取决于所焊容器筒体的外径。但也与焊件厚度、所选用的焊接电流值和焊接速度有关。表 14-2 为不同直径容器筒身环缝适用的焊丝偏移量。

表 14-2　容器筒身环缝焊时焊丝离工件中心垂线最佳偏移量　　　　　　mm

筒身外径	焊丝偏移量	筒身外径	焊丝偏移量
450～900	34	1200～1800	55
900～1050	40	>1800	75
1050～1200	50		

【技能训练】埋弧焊操作

一、焊前准备

埋弧焊的焊前准备工作包括焊接坡口的制备、清理、焊剂的烘干、焊丝的清理、缠绕以及接头的组装、定位、夹紧或打底焊等。

① 埋弧焊焊缝坡口的制备对焊缝的质量起着至关重要的作用。

目前，在工业生产中使用的埋弧自动焊机大都是机械化焊接设备，焊机行走小车或焊件转动只是等速运动。因此，在焊缝坡口的制备过程中，应采取适当的工艺措施保证坡口加工尺寸符合标准的规定，特别是钝边和间隙尺寸必须严格控制。对于压力容器的主焊缝，焊缝坡口最好用机械加工方法制备。对于某些暂不能用机械加工制备坡口的受压部件，也应采用自动热切割机或靠模切割机加工坡口。

② 焊缝坡口的表面状态对焊缝质量也有重要的影响。

焊前必须将残留在坡口表面上的锈斑、氧化皮、气割残渣、潮气和油污等清除干净。在低合金钢和不锈钢埋弧焊时，焊缝坡口的清理更为重要。坡口表面的锈蚀、水分和油污等不但会引起气孔，而且可能促使产生氢致裂纹、增碳，甚至降低不锈钢焊接接头的耐蚀性和低合金钢焊缝的力学性能。

③ 埋弧焊用焊材（焊剂和焊丝）焊前应作适当的处理。

碳钢埋弧焊时，焊剂在焊前应在 $200\sim300℃$ 温度下烘干，以消除焊剂中的水分，防止焊缝中气孔的形成。

低合金钢埋弧焊时，碱性焊剂应在 $400\sim500℃$ 温度下烘干，消除焊剂中的结晶水，降低焊缝中的氢含量，防止焊缝中氢致裂纹等缺陷。在湿度较大（相对湿度85％以上）的工作环境下，熔炼焊剂在大气中存放 24h，烧结焊剂在大气中存放 8h 后就应按规定的烘干温度重新烘干。

④ 碳钢和低合金钢埋弧焊焊丝表面应保持光洁，对于油、锈和其他有害涂料，焊前应清除干净，否则也可能导致焊缝中出现气孔。

不锈钢埋弧焊焊丝表面应采用丙酮等溶剂彻底清除油污，以防止焊缝金属增碳。在厚板的焊接中，焊丝消耗量相当大，而通用埋弧焊机的焊丝盘容量一般较小。为减少焊接过程中断次数和焊缝接头数量，节省更换焊丝盘的辅助时间，推荐采用大盘焊丝，焊前需将焊丝缠绕在大容量的焊丝盘上。在焊丝的缠绕过程中可同时清锈除油。

⑤ 埋弧焊接头的组装质量对焊缝的成形和熔透有很大的影响。

接头的组装误差主要决定于划线、下料、成形和坡口加工的精度。因此，接头的装配质量是通过严格控制前道工序的加工偏差来保证的。特别是在单面焊双面成形埋弧焊工艺中，接头的装配间隙是决定熔透深度的重要因素，装配间隙应严格加以控制。在同一条焊缝上装配间隙的误差不应超过 1mm，否则，很难保证焊缝背面的均匀熔透和成形。

⑥ 焊接接头的错边应控制在容许范围之内，错边超差，不仅影响焊缝的外形，而且还会引起咬边、夹渣等缺陷。

接头的错边量应控制在不超过接头板厚的 10%，最大不应超过 3.0mm。对于需加衬垫的焊接接头，固定垫板的装配定位点固十分重要，应保证垫板与接头的背面完全贴紧。使用焊剂垫时，应将焊剂垫对焊件的压紧力调整到合适的范围，使之与所选用的焊接工艺参数相适应。如焊剂垫的顶紧压力超过电弧的穿透力，则可能形成内凹超过标准规定的焊缝。相反，则会形成焊瘤等缺陷。

⑦ 对于需用焊条电弧焊封底的埋弧焊接头，推荐采用 E5015 或 E5016 等低氢碱性焊条，而不应采用 E4313、E4303 等酸性焊条。因埋弧焊焊缝与酸性药皮焊条焊缝金属混合后往往会出现气孔。封底焊缝的质量应完全符合对主焊缝的质量要求，不符合质量要求的封底焊缝应采用电弧气刨或其他方法清除后重新按相应的工艺规程焊接。

二、设备调整

① 调整好轨道位置，将焊接小车放在轨道上。

② 将装好焊丝的焊丝盘卡到固定位置上，然后把准备好的焊剂装入焊剂漏斗内。

③ 合上焊接电源的刀开关和控制线路的电源开关。

④ 调整焊丝位置，并按动控制盘上的焊丝向下或焊丝向上按钮，使焊丝对准待焊处中心，并与焊件表面轻轻接触。

⑤ 调整导电嘴到焊件间的距离，使焊丝的伸出长度适中。

⑥ 将开关转到焊接位置上。

⑦ 按照焊接方向，将自动焊车的换向开关转到向前或向后的位置上。

⑧ 调节焊接工艺参数，使之达到预先选定值。通过电弧电压调整器调节电弧电压，通过焊接速度调整器调节焊接速度，通过电流增大和电流减小按钮来调节焊接电源。在焊接过程中，电弧电压和焊接电流两者常需配合调节，以得到工艺规定的焊接参数。

⑨ 将焊接小车的离合器手柄向上扳，使主动轮与焊接小车减速器相连接。

⑩ 开启焊剂漏斗阀门，使焊剂堆敷在开焊部位。

三、焊接过程监控

1. 焊接

① 按下启动按钮，自动接通焊接电源，同时将焊丝向上提起，随即焊丝与焊件之间产生电弧，并不断被拉长，当电弧电压达到给定值时，焊丝开始向下送进。当焊丝的送丝速度与熔化速度相等后，焊接过程稳定。与此同时，焊车也开始沿轨道移动，以便焊接正常进行。

② 在焊接过程中，应注意观察焊接电流和电弧电压表的读数及焊接小车的行走路线，随时进行调整，以保证焊接参数的匹配和防止焊偏，并注意焊剂漏斗内的焊剂量，必要时需立即添加，以免影响焊接工作的正常进行。

③ 焊接长焊缝，还要注意观察焊接小车的焊接电源电缆和控制线，防止在焊接过程中被焊件及其他东西挂住，使焊接小车不能前进，引起焊瘤、烧穿等缺陷。

2. 停止

① 关闭焊剂漏斗的闸门。

② 分两步按下停止按钮：

第一步，先按下一半，这时手不要松开，使焊丝停止送进，此时电弧仍继续燃烧，电弧慢慢拉长，弧坑逐渐填满。

第二步，待弧坑填满后，继续将停止按钮按到底，此时焊接小车将自动停止并切断焊接电源，这步操作要特别注意：按下停止开关一半的时间若太短，焊丝易粘在熔池中或填不满弧坑，太长容易烧焊丝嘴，需反复练习积累经验才能掌握。

③ 扳下焊接小车离合器手柄，用手将焊接小车沿轨道推至适当位置。

④ 回收焊剂，消除渣壳，检查焊缝外观。

⑤ 焊件焊完后，必须切断一切电源，将现场清理干净，整理好设备，并确认没有隐燃火种后，才能离开现场。

参 考 文 献

[1] 钱在中. 焊工取证上岗培训教材. 北京：机械工业出版社，2008.
[2] 陈裕川. 钢制压力容器焊接工艺. 第 2 版. 北京：机械工业出版社，2007.
[3] 李亚江，刘强等. 焊接质量控制与检验. 第 2 版. 北京：化学工业出版社，2010.
[4] 张安刚，李士凯等. 焊工技能培训与鉴定考试用书. 济南：山东科学技术出版社，2007.
[5] 韩国明. 焊接工艺理论与技术. 第 2 版. 北京：机械工业出版社，2008.
[6] 戴建树. 焊接生产管理与检测. 北京：机械工业出版社，2008.